John Brockman, Literaturagent und Vermittler der »Dritten Kultur«, hat eine bewegte Vergangenheit: Schon früh trifft er sich mit später weltberühmten Naturwissenschaftlern und Künstlern wie Daniel Kahnemann, Freeman Dyson, Dennis Hopper, Robert Rauschenberg, Andy Warhol, und lässt sich von ihnen anregen, eine Verbindung von Natur- und Geisteswissenschaften zu suchen. Aus dieser Zeit stammt auch sein Buch »Nachworte«, in dem er seine Gedanken erstmals aphoristisch bündelte. Eine lehrreiche, interessante und augenöffnende Lektüre und zugleich das Zeitdokument einer »verrückten« Epoche.

John Brockman

Nachworte

Gedanken des
Wegbereiters der Dritten Kultur

Mit einem Vorwort von Hans Ulrich Obrist

Aus dem Amerikanischen von Laura Su Bischoff

FISCHER Taschenbuch

MIX
Papier aus verantwortungsvollen Quellen
FSC® C083411

Erschienen bei FISCHER Taschenbuch
Frankfurt am Main, November 2014

Die Originalausgabe erschien 1973 unter dem
Titel »Afterwords« im Verlag Anchor Books, New York.

Satz: Dörlemann Satz, Lemförde
Druck und Bindung: CPI books GmbH, Leck
ISBN 978-3-596-03119-1

Inhalt

Vorwort: Stets Brockman

John Brockman betätigt sich seit den 1960er Jahren auf vielfältige Weise in vielen Bereichen, und dabei war sein wegweisendes Denken stets von Furchtlosigkeit und Flexibilität geprägt. Er war Schriftsteller, Literaturagent, Brückenbauer zwischen Wissenschaft und Kunst, Kurator, Organisator für den Avantgardefilm, er arbeitete in der Industrie, für den Joint Chiefs of Staff und das Weiße Haus. Außerdem hat er die Edge Foundation gegründet und ist Herausgeber von *Edge.org*, einer wichtigen, dem Wissensaustausch zwischen verschiedenen Fachgebieten gewidmeten Plattform, die das Ziel hat, »den Rand des Wissens der Welt zu erreichen«.

Stewart Brand nannte Brockman ein »intellektuelles Enzym …, jemand, der sonst Unmögliches erst möglich macht«. Wie Brockman selbst sagt: »Ich schaue auf … all die Menschen, die durch ihre empirische Arbeit unsere eigene Natur und die der Wirklichkeit verändern, ob sie nun Wissenschaftler sind oder nicht … Menschen, die Technologien und neue Kommunikationsideologien einsetzen, um einen radikalen Neustart der gesamten menschlichen Kommunikation herbeizuführen.« Vor allem treibt ihn die Frage an: »Wer … führt uns an die erkenntnistheoretische Wegscheide, an der man alles überdenken muss? Ich habe meine gesamte Karriere dem Streben nach dieser Vision gewidmet.«

Wesentlicher Teil dieser Einstellung ist Brockmans grundlegende Ablehnung der Trennung zwischen Kunst und Wissenschaft. Er versteht Kunst vielmehr *als* Wissenschaft und Wissenschaft *als* Kunst. Dieses Über-die-Grenzen-hinaus-Denken bestimmt als Leitmotiv sein ganzes Tun, das vor allem auf die Schaffung von Netzwerken zielt. Ihm geht es um »kluges Denken statt der Anästhesiologie der Weisheit«; er möchte, dass Experten ihre Fragen nicht vor »ihresgleichen« stellen, vor den Kollegen ihrer akademischen Disziplin oder ihres Fachgebiets, sondern »vor Menschen, die ihnen auf anderen Gebieten ebenbürtig sind«. Deshalb wurde er zu einer meiner größten Inspirationsquellen, als ich ihm 1998 zum ersten Mal auf seiner Farm in Connecticut begegnete, und er bestärkte mich in meiner Überzeugung, dass die Bündelung des Wissens über Fachgrenzen hinaus die Zukunft bedeutet.

In einem unserer vielen Gespräche während der letzten 15 Jahre bemerkte Brockman einmal: »Das Leben ist das Theater einer einzigen Gelegenheit.« Dieser Gedanke hat sein Leben und sein Werk stark geprägt. Im Jahr 1964 traf er auf den Künstler und Filmemacher Jonas Mekas, der damals gerade die Film-Makers' Cinematheque für Undergroundfilme gegründet hatte. Brockman arbeitete bereits mit Undergroundfilmemachern und Videokünstlern zusammen – zu dieser Zeit ein revolutionäres Kunstgenre. Mekas bat ihn 1965, die Leitung der Cinemateque zu übernehmen und dort ein Expanded Film Festival zu veranstalten. Brockman lud viele große New Yorker Künstler aus allen Bereichen ein – darunter Nam June Paik, Andy Warhol, Robert Rauschenberg, Robert Whitman und Claes Oldenburg –, für eine besondere Performance ein Werk zu schaffen, in das der Film einbezogen werden sollte. Diese Aktivitäten führten dazu, dass eine Reihe führender Wissenschaftler der Biophysik, Informatik und Kybernetik eine Gruppe New Yorker Künstler, Filmemacher und Musiker ans MIT in Cambridge, Massachusetts, zu dem wohl ersten Kunst-und-Wissenschaftssymposium der Welt holte – eine Veranstaltung, die nachhaltigen Einfluss auf Brockmans Denken und seine Methoden ausüben sollte.

Aufgrund der Erfahrungen in der New Yorker Avantgarde-Kunstszene entwickelten sich Brockmans Schriften schnell weiter. Sein erstes Buch, *By the Late John Brockman* (1969), wurde 1968 im Rahmen eines an sechs Abenden im Poetry Center in der 92. Street Y in New York veranstalteten Avantgarde-Events vorgestellt. Vor und nach Brockman standen Abende von John Cage und Jorge Luis Borges auf dem Programm. Es war das Zeitalter des Living Theatre und des »Theaters der Grausamkeit« von Antonin Artaud, und die Leitung des Poetry Center sah Brockmans Veranstaltung mit großer Sorge entgegen – wie sich zeigte, durchaus zu Recht. Seine »Lesung«, ein Performance-Stück, inszeniert in Zusammenarbeit mit Ken Deweys Theatre X und der Künstlergruppe USCO, war ein Angriff auf die ureigensten Werte des Poetry Centers. Während des Abends kam es zu Tumulten – fünfmal unterbrachen erboste Zuschauer die Aufführung, schlossen den Vorhang, stahlen die Texte, bedrängten die Darsteller und schalteten das Licht aus.

By the Late John Brockman sowie sein zweites Buch, *37* (1971), und ein dritter, die Trilogie abschließender Band wurden 1973 unter dem Titel *Afterwords* als Paperback veröffentlicht. Die drei Bände waren eine Reaktion auf das Konzept der Kybernetik. Der erste Band betrachtet alle menschlichen Theorien durch die Brille der Informationstheorie, im zweiten untersucht der Autor die Heisenbergsche Unschärferelation, und im dritten analysiert er die Grenzen der Sprache als Mittel der Erkenntnis.

Heinz von Foerster, neben Warren McCulloch, Norbert Wiener und John von Neumann einer der Baumeister der Kybernetik, besprach das Werk 1973 und schrieb:

> Brockman nimmt das Geheimnis der Sprache und rückt es direkt zurück in deren eigenes Geheimnis; das heißt, er erklärt oder *ex-planiert* das Geheimnis der Sprache, indem er die Sprache aus der Ebene (*planum*) ihres Geheimnisses heraus (*ex-*) holt, damit es allen sichtbar wird, bevor es auf seine Ebene zurückschlüpft. Das ist an sich schon eine bemerkenswerte Leistung, die den meisten Linguisten verwehrt bleibt, da sie an der Beschreibung der Ebene kleben und nicht sehen, dass die Ebene ja gerade ihre Beschreibungen enthält … Wer besorgt ist wegen der im Namen der Sprache geübten Gewalt, wird die nützliche Nutzlosigkeit des Brockmanschen Nichtbuchs schätzen.

Von Foersters Anerkennung für Brockmans Werk ist keine Überraschung. Als Brockman 1966 mit der Niederschrift seiner Trilogie begann, stand von Foerster an der Spitze einer Bewegung, die 1968 die Entwicklung einer »Kybernetik zweiter Ordnung« oder »der Kybernetik der Kybernetik« einleitete. Von Foerster schrieb 1973,

> daß es eines Gehirns bedarf, um eine Theorie über das Gehirn zu schreiben. Daraus folgt, daß eine Theorie über das Gehirn, die Anspruch auf Vollständigkeit erhebt, dem Schreiben dieser Theorie gerecht werden muß. Und was noch faszinierender ist, der *Schreiber* dieser Theorie muß über sich selbst Rechenschaft ablegen.

Im selben Jahr sprachen Gregory Bateson und Margaret Mead immer häufiger von Mustern und Prozessen oder »dem verbindenden Muster«. Sie forderten eine neue Art von Systemökologie, in der die Organismen und die Umwelt, in der sie leben oder die sie untersuchen, ein und dasselbe sind. Von nun an sollten sie als ein einziger Schaltkreis gelten. Erst nach der Veröffentlichung von *Afterwords* Anfang 1973 traf Brockman mit Bateson, Mead und von Foerster zusammen. Im April desselben Jahres berief eine u. a. aus von Foerster, Bateson, dem Zen-Philosophen Alan Watts und dem Delphinforscher John Lilly bestehende Gruppe die legendäre AUM Conference (American University of Masters Conference) in Big Sur ein, die sich mit der Untersuchung von G. Spencer Browns Buch *Gesetze der Form* befasste. Die American University of Masters bestand nach ihrem Selbstverständnis aus jenen unorthodoxen Intellektuellen, deren Autorität auf ihrer Persönlichkeit, ihrem Denken und ihrer Arbeit basierte und nicht auf ihrer institutionellen Zugehörigkeit. Brockman lud man aufgrund seines dreibändigen Werks in letzter Minute als Ersatz für den erkrankten Hauptreferenten Richard Feynman ein.

Bei einem späteren Besuch in New York sagte Bateson zu Brockman: »Die Idee der Kybernetik ist die wichtigste Idee seit Jesus Christus. Und sie ist eine Idee, die fast allen sogenannten Intellektuellen der etablierten Wissenschaften fremd ist.« Aber sie durchdrang damals die Welt der Kunst. John Cage interessierte sich beispielsweise dafür, wie sich Gedanken und Muster durch Kulturen bewegen, während Nam June Paiks Videos in Brockmans Augen »ein Beispiel für Kybernetik in Aktion« waren. »In der Kybernetik ging es nicht um ›a‹ oder ›b‹«, erinnerte er sich, »es ging um einen Prozess, und der war die Wirklichkeit.« Jedes seiner Bücher ist als Prozess, als Performance oder als Erlebnis konzipiert, in Anlehnung an Duchamps Vorstellung, nach der die Leser bzw. Zuschauer mindestens fünfzig Prozent der Arbeit übernehmen. Brockman geht mit seinem Glauben, der Leser sei im *Besitz* der Worte, sogar noch weiter, wodurch das Lesen seines Buches etwas hochgradig Performatives erhält.

Damit nahm Brockman in seinen Schriften die Vorstellungen von Bateson und Mead vorweg, wonach die ökologische Natur des Organismus und seine Umwelt als ein einziger Schaltkreis betrachtet werden müssten. Brockman nennt das »undifferenzierte Aktivität«. »Die gesamte Arbeit ist ein Performancestück, in all seinen Teilen das Ganze, undifferenziert als Aktivität, so dass man nicht sagen kann, wer oder was das Subjekt ist.« Für ihn fordert der Text viel, ist anstrengend und erschöpfend zugleich und verlangt vom Leser, ständig das ganze Werk, d. h. den einen Schaltkreis, im Auge zu behalten.

Die erste Ausgabe von *By the Late John Brockman* ist nicht nur inhaltlich, sondern auch im Hinblick auf Format und Layout hochgradig experimentell. Auf jeder Seite steht ein einziger Absatz, losgelöst vom vorigen, der zum Teil Zitate von Persönlichkeiten wie Marshall McLuhan, Ludwig Wittgenstein, Samuel Beckett und e e cummings enthält. In einer Rezension auf der Titelseite der *San Francisco Review of Books* hieß es:

> Er bricht mit kurzen, scharfen Hieben aus Worten durch den Dschungel der Bedeutung, indem er diese bestreitet und traditionellen Formen des Handelns, Denkens und Fühlens aus dem Weg geht. Nicht was er sagt, ist so wertvoll, sondern die gesamte Art und Weise, wie er verneint, was gesagt werden kann. Seine Worte weisen auf sich selbst zurück, lauern ihrer eigenen Bedeutung auf und schlagen im Unterholz unserer Empfindungen um sich. Es kommt zu einer vollkommenen Verheerung der Sprache, die gerade das isoliert und vernichtet, woraus unsere Träume gemacht sind.

In einer um Jahrzehnte vorauseilenden Vorwegnahme des E-Books – oder umgekehrt in Anlehnung an antike Schriftrollen – bedruckte man bei der ersten Ausgabe jedes Blatt nur auf einer Seite. Brockman hatte seinem Lektor bei Macmillan gesagt: »Es ist obszön, beide Seiten zu bedrucken.«

Obgleich die Rezeption des Buchs nach seinem Erscheinen 1973 ausgesprochen durchwachsen ausfiel, reichten die Kommentare bezüglich seiner Aufnahme in die Longlist der zehn für den National Book Award nominierten Bücher von »völlig wertloses Beispiel für das gerade florierenden Genre des elektronischen Dadaismus« (*Kirkus*) bis zu »das beste Buch seit Wittgensteins *Tractatus*« (Alan Watts); von »Beängstigend ..., deprimierend ..., geistreich ..., eiskalt« (*Vogue*) bis zu »Es gibt Autoren, deren Denken so wichtig ist, dass es keine Rolle spielt, ob man mit ihnen übereinstimmt oder nicht. Eine so kraftvolle sprachliche Spannung, ein so gewaltiger asketischer Hunger zwingt uns, seine Vision gleichermaßen als eine Offenbarung anzuerkennen und ihr als Pflicht zu widerstehen« (*San Francisco Review of Books*).

Auf die Publikation von *Afterwords* folgte ein Essayband mit dem Titel *After Brockman: A Symposium*, in dem Künstler, Dichter, Schriftsteller und Wissenschaftler über die Bedeutung von Brockmans dreiteiligem Werk schrieben. Später im selben Jahr zog Brockman sich im Alter von nur zweiunddreißig Jahren vom Schreiben zurück (auch wenn es ihm gelang, in den letzten vier Jahrzehnten in seinen vielfältigen Funktionen als Herausgeber, Produzent und Künstleragent insgesamt fünfundvierzig Bücher zu veröffentlichen).

Afterwords ist Teil einer großen Tradition experimenteller Werke, die neue Formate entwickelten, angefangen bei Laurence Sternes in den 1750er und 1760er Jahren verfasstem *Tristram Shandy* – das erste Beispiel eines Buchs, in dem typographische Variationen und bewusst leere Seiten eingesetzt wurden – bis hin zu Cages *A Year from Monday*, einer aphoristischen Textsammlung, die Brockmans Interesse am Buch als Erlebnis weckte. Der Künstler Richard Hamilton sagte einmal, dass wir uns nur an Ausstellungen erinnern, die neue Spielregeln erfinden. Die vorliegende, überaus begrüßenswerte Neuausgabe von Brockmans *Afterwords* erinnert auf höchst inspirierende Weise an die Tatsache, dass sich diese Beobachtung auch auf Bücher übertragen lässt.

Hans Ulrich Obrist, London, April 2014

Widmung

Die Worte in diesem Band gehören nicht weniger dem Autor selbst als den zitierten Personen: Norbert Wiener, Karl Lashley, George Kubler, J. Z. Young, John Lilly, Marshall McLuhan, Stewart Brand, Heinz von Foerster, Edward T. Hall, Alfred North Whitehead, W. Grey Walter, Kenneth Sayre, René Descartes, Benjamin Lee Whorf, Niels Bohr, René Dubos, D. and K. Stanley-Jones, John Lucas, Carlos Castaneda, Sören Kierkegaard, Wilder Penfield, R. G. Bickford, Edmund Carpenter, Werner Heisenberg, Sir James Jeans, Ludwig Wittgenstein, Wallace Stevens, Leon Brillouin, T. S. Eliot, I. A. Richards, Gertrude Stein, Max Born, J. Andrade e Silva, P. W. Bridgman, R. Buckminster Fuller, Sir Arthur Eddington, William Empson, C. G. Jung, Bertrand Russell, William Butler Yeats, John McHale, Rudolph Wurlitzer, Ihab Hassan, T. E. Hulme, Simone Weil, Samuel Beckett, David Pears, Alain Robbe-Grillet, Victor Gioscia, Hugo von Hofmannsthal, Norman O. Brown, William Shakespeare, E. E. Cummings, Paul Valéry, Ezra Pound, Henry Miller.

Die Worte in diesem Band gehören dem Leser.

John Brockman

John Brockman
1941–1969

I

Der Mensch ist tot.

Die Wahl besteht zwischen der Gegenwart und der Vergangenheit. Die Wahl besteht zwischen einer Wahl und keiner Wahl. Es gibt keine Wahl.

Der Mensch ist tot, und alle Kategorien, die zuvor sein Dasein bestimmten und beschrieben, müssen überdacht werden. Der Schlüssel zur Eliminierung der Worte? Besitz. Ersetze alle den Besitz betreffenden Begriffe durch solche über Funktionen und Operationen. Was hat der Mensch je besessen? Bewusstsein, Gefühle, Emotionen, Verstand, Ego, Geist, Seele, Schmerz etc. – Begriffe, die Ergebnis unzähliger Jahrhunderte des Glaubens waren und nicht länger von Nutzen sind.

Das Bewusstsein gibt es nicht; tatsächlich gibt es keinen Grund für die Annahme, es hätte jemals existiert. Nicht bewusst, nicht unbewusst. Wenn es das Bewusste nicht gibt, kann es auch das Unbewusste kaum geben.

Der Mensch ist eine Abstraktion. Menschliche Abstraktionen basieren auf der Vergangenheit, auf Verhalten, nicht auf operanter Betrachtung aktuellen Geschehens. Betrachtung der Gegenwart? Muster. Transaktion. Aktivität. Tun. Betrachtung der Vergangenheit? Verhalten. Umwelt. Mensch.

Menschliche Abstraktionen charakterisieren Phänomene, ohne die aktuelle Wirkung der Phänomene selbst in Betracht zu ziehen. Es ist ein begrenztes Klassifizierungssystem.

Wie soll man mit dem aktuellen Geschehen umgehen? Suche nach Rhythmen und Mustern. Der Mensch ist tot. Die Analyse bewegt sich weg von der Untersuchung statischer Einheiten, die etwas besitzen können, hin zu den Wechselwirkungen der Organismen mit den Kräften der Umwelt. Betrachte die Wechselwirkungen. Dann zeigt sich, »daß die Welt um uns nur durch ein Nervensystem zugänglich ist, und daß unsere Informationen über diese Welt auf die begrenzten Informationen beschränkt sind, die das Nervensystem übermitteln kann.«* Das Gehirn erhält eine Information und reagiert darauf, indem es den Effektoren mitteilt, was sie zu tun haben. Der Kreis schließt sich, wenn die durch den Effektor hervorgerufene Wirkung zu neuer Information für das Gehirn führt. Es entsteht eine neue Rückkopplungsschleife, ein nichtlinearer Zusammenhang zwischen Output und Input.

Der Mensch hat sich stets mit bereits Geschehenem befasst und geglaubt, es wäre Produkt des gegenwärtigen Augenblicks. Was er für aktuelles Geschehen hielt, deckt sich ungefähr mit dem, was sich zwischen dem zweiten und dem dritten Schritt der Rückkopplungsschleife abspielt: »Der Mensch war sich immer nur der Vergangenheit bewusst, aber nie der Aktivität seines eigenen Gehirns, in dem es Ordnung und Organisation gibt; und wie diese Ordnung entsteht, entzieht sich unserer Erfahrung. Erleben und Erfahrung liefern uns keinerlei Hinweise auf die Mittel, mit deren Hilfe sie organisiert werden. Ginge die Organisation auf einen Rechenschieber oder einen Digitalrechner zurück, böte das Bewusstsein weder einen Hinweis darauf noch auch eine Möglichkeit, diesen Umstand zu bestreiten. Wenn das Gehirn fähig ist, eine solche Organisation zu erschaffen, kann es als der Organisator betrachtet werden.«*

Um diese Gedanken nachzuvollziehen, muss man das Konzept des Intervalls untersuchen. Das Intervall bezieht sich auf den Augenblick, in dem die Ordnung der Gehirnaktivität entsteht. Die Aktivität, der sich der Mensch nie bewusst gewesen ist, die unzugängliche Gegenwart, die unmittelbare Erfahrung des Gehirns. »Die übrige Zeit macht sich nur in Signalen bemerkbar, die uns in diesem Augenblick auf unzähligen Ebenen übermittelt werden und von ganz unerwarteten Sendern … Es liegt in der Natur des Signals, daß seine Botschaft kein Hier und Jetzt ist, sondern ein Dort und Damals. Wenn es sich um ein Signal handelt, dann handelt es sich auch um eine vergangene, abgeschlossene Handlung, die nicht und nie vom ›Jetzt‹ des gegenwärtigen Seins erfaßt ist. Die Wahrnehmung eines Signals geschieht ›jetzt‹, aber seine Impulse und seine Übermittlung geschahen ›damals‹. Der gegenwärtige Augenblick ist die Projektionsebene für die Signale allen Seins.«* Dieser Augenblick, das Intervall, bedingt alles, was unmittelbar erlebt wird. Für den Menschen bedeutete es die Abstraktion, seine Achillesferse.

In diesem Stadium der Evolution, einem Stadium jenseits von Raum und Zeit, schließt sich das Intervall für immer, und der Mensch existiert nicht mehr.

Der Mensch ordnete seine Erfahrungen mittels psychologischer Überlegungen des nicht-existenten Geistes. Die Organisation der Erfahrung geschieht jedoch stets auf der Ebene des Hier und Jetzt. Die Interpretation dieser Organisation erfolgt auf der Ebene des Dort und Dann. Mache dir bewusst, dass die Gehirntätigkeit aus einem ständigen Ordnen im Hier und Jetzt besteht. Es gab immer eine Ordnung im Hier und Jetzt, während der Mensch sich mit seinen Betrachtungen dort und dann selbst täuschte, Betrachtungen zu einer Welt, die es gar nicht gab. Eine Welt, die es nie gegeben hat. Die Welt der Vergangenheit. Ein Bruchteil eines Augenblicks, und doch vergangen. Aufgrund dieses Intervalls konnte der Mensch existieren. Der Mensch, ein Relikt der unmittelbaren Vergangenheit. Der Mensch, ein Augenblick, zu alt, um zu existieren. Dinge, die nicht existieren, sollten für uns gar nicht erst von Belang sein. Alle auf den Menschen bezogenen Dinge gründen auf einem System der Illusion. Die Interpretation der Organisation des Gehirns geschieht, während ständig neue Organisation stattfindet. Fast so, als handelte es sich um zwei parallele Ebenen.

Fast. Wir könnten sogar annehmen, es gäbe eine Wahl zwischen dem Leben auf der einen und auf der anderen Ebene. In Wirklichkeit gibt es sie nicht. Es gibt keine Wahl. Es gibt nur Ordnung und Organisation, das Hier und Jetzt. Einige von uns, die meisten von uns, vermögen diese Ebene nicht zu erkennen und halten aus Blindheit, Trägheit, Anmaßung an der Illusion fest, dass wir Menschen wären. Das ist ein Fehler. Der Mensch ist tot. Es hat ihn niemals gegeben. Unsere Bewusstheit als Erfahrung ist vergangene Erfahrung. Ein Traum.

Der Mensch ist tot. Es handelt sich um eine Welt der Information. Information bezieht sich in diesem Zusammenhang auf Regelung und Kontrolle und hat mit Bedeutung, Gedanken oder Daten nichts zu tun. »Ein System gilt als fähig, Informationen aufzunehmen, wenn es auf Veränderungen in einer Weise zu reagieren vermag, die seine Stabilität sichert.«* Information ist nichts als Abstraktion. Als Abstraktion ermöglicht sie neue Beobachtungen und Assoziationen und schließt das Vermögen ein, Muster und Ordnung zu erkennen. Beachte, dass es um Reaktionen auf Veränderung geht. Das Interesse gilt hier einzig und allein der Reaktion, der Wirkung. Information ist ein Maß für Wirkung. Das bezieht sich darauf, wie die Schaltzentrale des Organismus, das Gehirn, auf Veränderungen reagiert, um seine Kontinuität zu wahren.

Wir beschäftigen uns hier mit der Aktivität, die in die Nerven- und Gehirnebene, d. h. die Gegenwart, eingebunden ist. Wenn wir also über Information sprechen, meinen wir die Reaktion des Gehirns im Sinne unmittelbaren, direkten Erlebens. Diese Reaktion erfolgt stets ohne Zustimmung oder Bewusstsein. Es gibt keine Wahl. Solange es keine Veränderung gibt, entsteht auch keine Information. »Die Information existiert so lange nicht als Information, bis sie innerhalb der höheren Bereiche der Abstraktion jedes der geistigen Prozesse angelangt und als solche errechnet ist. Bis zu dem Punkt, an dem sie als Information erkannt wird, besteht sie aus Signalen. Diese Signale wandern durch die äußere Wirklichkeit zwischen zwei Körpern und gelangen – immer noch als Signale – in die Gehirnsubstanz selbst. Solange nicht die komplizierten Formen der Neuronenimpulse im Gehirn berechnet und innerhalb der Großhirnrinde als Informationen entschlüsselt werden, sind sie keine Informationen. Informationen sind das Ergebnis einer langen Reihe von Berechnungen, die auf Daten-Signal-Eingängen, auf Daten-Signal-Übermittlungen in die Gehirnsubstanz und auf Umrechnung dieser Daten beruhen.«* Information ist eine Abstraktion zur Messung der Kommunikation von Mustern, von Organisation und von neuronaler Hemmung.

Welche Information geht von einer Glühlampe aus? Keine. Welche Information geht von einem Buch aus? Keine. »Veränderung kann nur dann als Information gelten, wenn es irgendwo einen Empfänger gibt, der angemessen auf die Veränderung zu reagieren vermag.«* Befasse dich allein mit den jeweils aktuellen Veränderungen in den Abläufen beim Empfänger, dem Gehirn. Verwechsle Information nicht mit Signalen oder den Quellen der Signale. »Der Geist des Beobachter-Teilhabers ist der Ort, wo die Information aufgebaut wird, durch seine eigenen Programme, seine eigenen Regeln der Auffassung, seine eigenen bewußten und logischen Prozesse, sein eigenes Metaprogramm von Vorzugsrechten unter den Programmen. Sein eigener riesiger Computer errichtet die Information aus Signalen und gespeicherten Signalstückchen.«* Information ist ein Prozess. Es gibt keine Informationsquellen; es gibt keinen linearen Informationsfluss zum Gehirn.

Information ist eine Abstraktion. Information ist ein Maß für Wirkung. Information ist ein Konzept, das zuvor unmögliche Zusammenhänge erst möglich macht. Wirkung hat mit dem Aufbau der Information aus eintreffenden Signalen und aus Teilen von Signalen zu tun, die in den operanten Gehirnkreisläufen gespeichert sind. Die eintreffenden Signale werden von inneren und äußeren Rezeptoren übertragen. »[D]ie Wirkung bezieht die Gesamtsituation und nicht die Ebene der Informationsbewegung mit ein.«* Es gibt keine einzelnen Ebenen des Informationsflusses. Die Gesamtsituation ist die neuronale Situation, der Prozess des Nervensystems. Dieses System ist operational. »Alles, was nachweislich geschieht, besteht aus einer flimmernden Abfolge sich verändernder Muster in einem Netzwerk ohne Zentrum und ohne Ränder. Das Ganze spielt sich erkennbar unsystematisch ab. Tatsächlich lässt es sich nur anhand seiner Wirkung messen.«* Information ist ein Maß für Wirkung, ein Maß für die Organisation der Gehirnaktivität im Augenblick der Verarbeitung.

Kommunikationstheorie untersucht die Übertragung von Nachrichten. In solch einem System verhält sich die Nachricht nichtlinear. Die Kommunikation, die Nachricht, ist Muster, Organisation, neuronale Hemmung. Man kann sie als Programm verstehen, und »ein Programm ist nichts anderes als eine Reihe von Befehlen: ›Tu dies, tu das ...‹, was mit anderen Worten bedeutet: ›Tu dies nicht, tu das nicht‹«.* Wir beschäftigen uns hier mit der Übertragung neuronaler Muster von einem »Gehirn und dessen Leistungen, über eine besondere Reihe von Prozessen in der äußeren Welt, durch einen Teil dieser Welt mit Hilfe besonderer Formen, Medien und künstlichen Medien zu einem anderen Körper, einem anderen Gehirn«.* Wir beschäftigen uns hier mit Zusammenhängen, die es uns ermöglichen, die Kommunikation neuronaler Erfahrung in Begriffe zu fassen. Der Unterschied zwischen menschlicher Erfahrung und neuronaler Erfahrung ist wie der Unterschied zwischen Illusion und Wirklichkeit, zwischen einer Wahl und keiner Wahl.

Wenn man über Bewusstsein spricht, sollte man sich nicht mit Dort-und-Dann-Betrachtungen zur Interpretation der Ordnung und Organisation der unmittelbaren Erfahrungen des Gehirns aufhalten. Ordnen und Organisieren bilden ein fortlaufendes funktionales Geschehen. Ordnen und Organisieren sind das Einzige, was wirklich geschieht. Nichts geschieht jemals sonst. Ordnung und Organisation müssen im Sinne von Information gemessen werden.

Die bedeutendsten und entscheidendsten menschlichen Erfindungen wurden gar nicht als solche erkannt, sondern galten als angeboren und natürlich. Der Mensch hat nie verstanden, wie sehr die gesamte Natur vom Menschen gemacht ist. Eine dieser großen und wichtigen Erfindungen war die Sprache. Die Sprache war wahrscheinlich die wichtigste menschliche Erfindung. Sie galt zweifellos als natürlich und angeboren, bis ein Mensch eine neue Beobachtung machte und ausrief: »Wir sprechen!«* Bis dahin hatte niemand jemals etwas davon gehört. Trotzdem hatte die Erfindung der Sprache die Funktionsweise des Gehirns beeinflusst. Das Sprechen, eine menschliche Erfindung, stellte Informationen zur Verfügung, die gänzlich unbemerkt die Gehirnabläufe veränderten. Es gab keine Wahl. Tausende Jahre lang hatte sich der Mensch auf eine bestimmte Weise geformt, aber das Muster wurde erst erfunden, als einer sagte: »Wir sprechen!«

Der Mensch ist tot. Schreibe seinen Tod einer Erfindung zu. Sie bestand in der Erfassung eines konzeptionellen Ganzen, einer Reihe von Zusammenhängen, die zuvor nicht erkannt worden waren. Die Erfindung war menschengemacht. Es war die Erkenntnis, dass Wirklichkeit mitteilbar ist. Der Prozess bestand in der Übertragung neuronaler Muster. Diese Muster sind elektrisch, nicht geistig. Das System der Regelung und Nachrichtenübertragung funktionierte, ohne dass sich das Individuum dessen bewusst gewesen wäre oder dem zugestimmt hätte. Die Nachrichten in diesem System bestanden nicht aus Worten, Gedanken, Bildern, etc. Sie waren nichtlinear: operante neuronale Muster. Es wurde deutlich, »daß diese neuen Begriffe der Kommunikation und Regelung eine neue Deutung des Menschen, des menschlichen Wissens vom Universum und der Gesellschaft bedingten«.* Der Mensch ist tot. »Wir sprechen!«

Das System kann nur nachvollzogen werden, wenn man den Menschen tötet. Wir zerstören damit kein Phänomen. Wir ersetzen nur ein Abstraktionssystem durch ein anderes. Der Mensch war nichts als ein Modell, eine Technik. Es ist notwendig, ein neues Modell zu konstruieren, ein neues Abstraktionssystem zu schaffen, nicht wahrer und auch nicht der endgültigen Antwort näher als das alte. Eine Abstraktion ist nur eine Abstraktion. Der menschliche Wahn liegt in dem Glauben, das Menschsein sei die Grundlage der Wirklichkeit und das letzte Ziel der Evolution. Aber »deshalb ist es von äußerster Wichtigkeit, unsere Abstraktions*weisen* sehr sorgfältig zu überprüfen. Genau hier findet die Philosophie ihren Platz als wesentlicher Beitrag zum gelungenen gesellschaftlichen Fortschritt. Sie ist Kritik der Abstraktionen. Eine Zivilisation, die ihre herkömmlichen Abstraktionen nicht durchbrechen kann, ist nach sehr begrenzter Zeit des Fortschritts zur Sterilität verurteilt.«* Der Mensch ist tot.

Die Doktrin spezifischer Kausalität findet hier ihr Ende. Es gibt nur die simultanen neuronalen Abläufe der Gegenwart, das Alles-zugleich, das Hier-und-Jetzt. Keine Rede mehr von der Umwelt. Die einzige Gesamtsituation ist die Gehirnaktivität. Es gibt keine Vergangenheit, keine Zukunft, keine Zeit und keinen Raum. Jeder Anfang und jedes Ende ist in die Fülle neuronaler Abläufe eingebunden. Die Einheit ist methodologischer Natur. Durchbrich den begrenzten Rahmen der Subjekte und Objekte. Alles geschieht in ein und demselben Augenblick, eingebunden in ein Universum der Gleichzeitigkeit.

Wer ist verrückt? Die Menschheit ist von Sinnen. Es gibt keinen Sinn, den man verlieren könnte. Wer ist verrückt?

»In dem durch Homöostasie für geistige Zwecke freigestellten Gehirn war der Geist tatsächlich die nächste Abstraktion ... Das denkende Gehirn hat sich von Metaphysik und Psychoanalyse, Abstraktionen einer Abstraktion, mit Eifer hingewandt zu dem ersten möglichen Erkenntnisschimmer seiner selbst.«* Jahrelang war dem Menschen bewusst, dass Tiere nicht aufgrund eines Bewusstseins handelten; nun wird deutlich, dass der Mensch selbst, das menschliche Tier, nicht aufgrund bewusster Empfindungen handelt. Alles eine Frage des Durchbruchs zu neuen Abstraktionssystemen.

»Weder die Anwesenheit noch die Abwesenheit eines Bewusstseins kann als alleiniges Kriterium für die Anwesenheit oder Abwesenheit eines anderen Merkmals bei einer bestimmten Sache dienen. Ob ein Individuum ein Bewusstsein hat, lässt sich nur anhand seines erkennbaren Verhaltens bestimmen.«* Verhalten ist eine Betrachtung der Vergangenheit. Die Gegenwart liegt in der Aktivität des Gehirns. Die Analyse der Muster der Gegenwart kehrte die Welt des Menschen von innen nach außen und von unten nach oben. Irrsinn. Wer ist verrückt?

*»Cogito ergo sum.«** Ich denke, also bin ich. Doch der einzige Schluss, der sich aus dem Denken ziehen lässt, lautet, dass unser Gehirn unmittelbare Erfahrungen macht. Es geht uns nicht um die Existenz des Denkens, sondern um die Aktivität des Gehirns.

Es gibt kein Bewusstsein, es gibt kein Unterbewusstsein, es gibt keinen Geist. Tatsächlich ist »[d]as englische ›mental‹ … ein unglückliches Wort. Es dient in unserer Kultur oft nur dazu, eine fehlende vernünftige Erklärung zu vertreten. Der Inhalt dieses Begriffes ist eher ein nebelhaftes Sammelsurium als eine kosmische Struktur, die durch systematische Zusammenhänge gekennzeichnet wäre.«* Beschäftige dich mit der Wahrnehmung operanter Muster auf neuronaler Ebene. Jedes Erleben lässt sich durch neuronale Abläufe erklären. »Der entscheidende Punkt ist, daß nur der Verzicht auf eine Erklärung des Lebens im üblichen Sinne uns die Möglichkeit schafft, den charakteristischen Merkmalen des Lebens Rechnung zu tragen.«*

Dieses auf operanten Betrachtungen basierende Abstraktionssystem geht über ein lineares System hinaus. Nichtlineare Prozesse bestehen aus interagierenden Elementen. Die geläufigen westlichen Sprachen bieten Raum für bildhafte Interpretationen. Aber »zur Beschreibung vieler Seiten des menschlichen Daseins [ist] eine Terminologie erforderlich …, die nicht unmittelbar auf einfachen physikalischen Tatsachen beruht«.* Nichtlineare Prozesse lassen sich anhand operanter mathematischer Symbole darstellen. Die normale Sprache ist ein armseliger Ersatz. Rein mathematische Symbole ermöglichen uns, die Umgangssprache »mit passenden Werkzeugen zur Darstellungen von Beziehungen [zu versehen], für welche die gewöhnliche Ausdrucksweise in Worten zu ungenau oder zu umständlich ist. In diesem Zusammenhang möchte ich betonen, daß – eben durch das Vermeiden solcher Hinweise auf das bewußte Subjekt, mit denen die Umgangssprache so stark durchsetzt ist – die Anwendung mathematischer Symbole insbesondere dazu dient, die für eine objektive Beschreibung unentbehrliche Eindeutigkeit der Definition sicherzustellen.«*

»Ein Maß der Summe der Teile ist größer als die Summe des Maßes der Teile.

$F(a+b)>F(a)+F(b)$
F = Maßfunktion des Quadrierens
$F(a+b)=(a+b)^2=a^2+b^2+2ab$
und
$F(a)=a^2$, $F(b)=b^2$
deshalb
$a^2+b^2+2ab>a^2+b^2$

Das Produkt $2ab$ ist nichts anderes als das Maß der Wechselwirkung der zwei Teile a und b, nämlich der Wechselwirkung von a mit b und b mit a.«* Um diese Wechselwirkung nachzuvollziehen, muss man bei der Wirkung beginnen und sich von dort zurückarbeiten.

Die Funktionsweise des Gehirns ist ein nichtlinearer Prozess. Es handelt sich um ein selbstorganisierendes System, bei dem sich bestimmte Schwingungsgruppen zu einem bestimmten Frequenzband zusammenziehen.

Der Mensch ist tot. Wir beschäftigen uns nun mit dem Konzept des Prozesses. »An Stelle des Verzichtes auf gewohnte Forderungen nach Erklärung bietet sie [die Physik] uns logische Mittel zur Ordnung weiterer Erfahrungsgebiete, die eine angemessene Beachtung der Trennungslinie zwischen Objekt und Subjekt notwendig macht.«* Statt in den Kategorien »Mensch« und »Nichtmensch« zu denken, verschiebe die Trennungslinie zwischen Subjekt und Objekt ein Stück nach hinten, um eine Welt simultaner Abläufe zu objektivieren: den Wechselwirkungsprozess zwischen »Mensch« und »Nichtmensch«, integriert auf der Ebene neuronaler Aktivität des »Menschen«. In diesem System gibt es »nicht nur eine Welt, sondern auch Elemente, die zur Beobachtung dieser Welt fähig sind«.* Die Beobachtung erfolgt durch ein Nervensystem ähnlich dem des teilnehmenden Beobachters in der beobachteten Welt. Die Wirklichkeit verbirgt sich nicht mehr in den Subjekten und Objekten »Mensch« und »Nichtmensch«.

Um über die Integration auf der neuralen Ebene zu sprechen, müssen wir uns dem Intervall zuwenden. Nur mit dem Tod des Menschen, dem Tod des Konzepts des Individuums, vermögen wir diesen Augenblick festzuhalten. Wie man gezeigt hat, reagiert das Gehirn auf Veränderungen auf der Grundlage bereits vorhandener Informationen. »Frühere Erlebnisse bestimmen, wie eine Person auf einen bestimmten Reiz anspricht. Die erste unmittelbare Reaktion auf einen Reiz hat in der Regel wenig Auswirkungen auf das letztendliche Ergebnis.«* Während des Augenblicks, den der Mensch das Intervall getauft hat, arbeitet das Gehirn ständig, und diese Arbeit hängt vom physiologischen Aufbau des Gehirns und den dort gespeicherten Informationen ab. Es gibt kein Intervall. Es gibt bloß die Tätigkeit des Gehirns.

Medien gibt es nicht. Medien müssen als eine einzige Ebene des Informationsflusses angesehen werden, der wiederum eine Betrachtung der Welt der Vergangenheit darstellt. Es gibt keinen linearen Informationsfluss. Information ist ein Prozess. Sie ist nur anhand ihrer Wirkung messbar. Beschäftige dich mit dem Prozess, mit der Transaktion, nicht mit den Medien. Die Medien gehören zur Welt der Vergangenheit. Sie sind das aus dem Dort und Dann empfangene Signal. Das Medium ist nicht die Botschaft. Das Medium ist Unordnung. Die Botschaft ist operational. Sie ist ein Prozess.

Information ist ein Prozess. Nicht Worte oder Gedanken oder »das mag ich« und »das mag ich nicht«, sondern die Gesamtwirkung der Erfahrung und der Operationen des Gehirns. Nicht Gedanken oder Meinungen, sondern die durch Erlebnisse, durch neuronale Beteiligung bedingten Veränderungen. Information ist ein nichtlinearer Zusammenhang, der zwischen Output und Input besteht, dem simultanen Universum erfahrungsbedingter Informationsrückkopplung. Standpunkte sind unerheblich.

Wenn es Medien nicht gibt, gilt dasselbe für Kategorien wie Form und Inhalt, Konzepte, die zur Signalverarbeitung im Dort und Dann gehören. Bei den simultanen Operationen des Gehirns gibt es weder Form noch Inhalt. Es gibt Information, die die Gehirnaktivität lenkt. Alle imaginierten Überlegungen zu Form und Inhalt sind Überlegungen zur Interpretation der Organisation unmittelbarer Erfahrung. Und die gehört der Vergangenheit an. Befasse dich nur mit der Organisation, mit der Gegenwart.

Kein Gerede mehr von Medien, von den Sinnen, von Wahrnehmung etc. Solche Überlegungen werden in einem konzeptuellen Rahmen dargelegt, der uns keinen Raum zur Berücksichtigung gegenwärtiger Erlebnisse lässt. Befasse dich mit der auf neuronaler Ebene eingebundenen Aktivität. Es handelt sich um einen Prozess. »Der Nervenimpuls bzw. das Aktionspotential stellt in diesem Prozess die einzige Währungseinheit dar.«* Wenn wir die Übertragungsmuster der Aktionsströme untersuchen, erfahren wir, dass »jeder Bereich des Kortex die Nachricht gemäß den eigenen Reaktionsmustern liest. Nichts an der Nachricht selbst deutet auf ihren Ursprung hin.«* Auf der integrativen neuronalen Ebene gibt es keine Bilder, keine Geräusche, keinen Geschmack, keine körperlichen Gefühle, keinen Geruch. »Es spielt keine Rolle, ob diese Aktionsströme im Ohr, im Auge oder in irgendeinem anderen Sinnesorgan entstehen; sie sind alle gleich, sie haben nicht viel mehr Individualität als die elementaren Punkte und Striche eines Fernschreibcodes. Ein in Übertragung befindlicher Nervenimpuls kennt ebenso wenig Geräusche, Blicke oder Schmerzen wie ein unterirdisches Telegraphenkabel Liebe oder Leid.«*

»Die Qualität eines Nervenimpulses steht in keinerlei Beziehung zu den Sinnesreizen, die ihn auf den Weg schicken. Nur Stärke oder Frequenz variieren.«* Vergiss Signalquellen; vergiss sensorische Quellen. Die Augen sehen nichts; die Ohren hören nichts. Unsere Sinnesrezeptoren leiten Nervenimpulse weiter, die sich nur auf zwei Arten unterscheiden können, »nämlich im Durchmesser der leitenden Nervenfaser und in der Stärke des Sinnesreizes selbst. Der erste Faktor bestimmt die Geschwindigkeit, in der das Aktionspotential weitergeleitet wird, der zweite die Frequenz oder Entfernung zwischen den an der Weiterleitung beteiligten Nervenzellen.«* Die Augen sehen nichts; die Ohren hören nichts. Wo es keine Bilder und keine Geräusche gibt, verdanken wir sie dem Gehirn. Es gibt bloß elektrische Erregung. »Diese rein physikalischen Phänomene, deren Eigenschaften voll und ganz von numerischen Daten und der semipermanenten Struktur der Anatomie bestimmt werden, machen die Währungseinheit des Nervensystems aus. Es gibt keine andere Art der neuronalen Aktivität, keine andere Form physikalischer Bewegung im Hirngewebe, aus denen sich der Denkprozess zusammensetzen ließe.«*

Das Gehirn ist der Organisator. Sehen, Hören, Wahrnehmen – das alles geschieht im Gehirn. Das Gehirn, das nichts sieht, nichts hört, nichts weiß. Jedem Sinnesrezeptor ist ein Bereich im Kortex zugeordnet, in dem Nervenimpulse empfangen und gemäß dem dortigen Reaktionsmuster umgewandelt werden. »Könnte man ein Verfahren entwickeln, welches die Bahnen der Augennerven so abänderte, dass sie ihre Nachrichten an den für das Gehör vorgesehenen Teil in der Großhirnrinde sendeten und die Hörnerven ihre Information umgekehrt an den für die Augen vorgesehenen Bereich weiterleiteten, würde der Patient Geräusche hören, sobald das Licht anginge, und Muster und Farben erkennen, sobald eine Glocke läutete.«*

»Der Mechanismus, durch den ein Sinnesrezeptor, der wichtige Informationen überträgt, diese entlang eines Axons zur Großhirnrinde weiterleiten kann, das selbst wiederum so eigenschaftslos wie ein Telegraphenkabel ist, zeigt interessante quantitative Eigenschaften. Dabei stehen zwei Möglichkeiten zur Verfügung, mit deren Hilfe die schlichte Ja-Nein-Botschaft, die der Nerv bloß übermitteln kann, in eine Fülle sensorischer Details umgewandelt wird, die das Gehirn dann erreichen. Eine Methode besteht darin, die Anzahl der an der Übertragung beteiligten Nervenfasern zu erhöhen: Zwanzig Fasern leiten eine Nachricht effektiver weiter als nur zehn. Die andere besteht in der Modulation der Frequenz der einander auf einer einzigen Bahn folgenden Impulse.«* Alles wird zu einer Frage der Frequenz oder der Zahlen.

Der Mensch erschuf eine entmenschlichte, computerisierte Welt, in der er nicht mehr als eine Zahl war. In Wirklichkeit verhielt es sich aber genau umgekehrt: Zahlen, die neuronale Muster darstellten, waren irgendwie vermenschlicht worden. Zahlen wurden von einer eindeutigen und objektiven Darstellung von Aktivitätsmustern in »Mensch« und »Nichtmensch« umgewandelt. Diese willkürliche Trennung zwischen Objekt und Subjekt gewährleistete Mehrdeutigkeit, Unverbindlichkeit und Illusion.

Wie lässt sich das Bild nun zusammensetzen? Gar nicht. Es gibt bloß Salven elektrischer Erregung in den Nerven. Was bringt schon der Versuch, neuronale Aktivitätsmuster mit dem Geist, den Gefühlen, den Emotionen, etc. in Verbindung zu setzen? Befreie dich von diesen Abstraktionen. Sie stammen aus einer anderen Zeit. Geht es um operante Phänomene, sind sie von geringem Nutzen.

Die Grundlage lebender Systeme ist Selbstorganisation. Das Gehirn organisiert unablässig seine Aktivität, und das stets in der Gegenwart. Es verleiht den als operante Kreisläufe ausgeführten Operationen körperliche Gestalt. Es existiert, und man kann nur in operanten Begriffen seiner Aktivität darüber sprechen. Diese Aktivität hängt von der Information ab, die das Gehirn fortlaufend empfängt und die es über Veränderungen im Gehirn selbst, über Umweltkräfte und Körperfunktionen informiert. Diese Informationen nutzt es, um sich anzupassen, zu verändern, seine Stabilität und seine Kontinuität zu wahren. Information sollte nicht mit deren Quelle verwechselt werden. Sie ist keine Kraft. Sie ist eine Abstraktion. Sie ist keine Energie. Sie ist eine Erfindung.

Nach einem mathematischen Theorem gibt es für jedes formale System, das eine Arithmetik hervorzubringen vermag, eine evidente Wahrheit, die das System beweist, die aber selbst nicht innerhalb des Systems bewiesen werden kann. Für den Menschen war dies das Bewusstsein – das System, für das eine evidente Wahrheit existierte, die das System bewies, aber nicht innerhalb des Systems selbst bewiesen werden konnte.* Das Einzige, was der Mensch sicher wusste, war, dass er ein Bewusstsein hatte. Ende der Diskussion. Doch wusste er nie zu sagen, ob dieses Bewusstsein auf einen Digitalrechner, religiöse Beschwörung etc. zurückging.

Information ist ein Maß für Wirkung. Beginne mit der Wirkung und arbeite dich von dort aus zurück. Information ist ein Maß für die operanten Reaktionen des Gehirns im Rahmen seiner nichtlinearen Erfahrung. Information bezieht sich auf unmittelbare neuronale Kodierung, auf die Prägung des Gehirns. Nichtlineare Kommunikation anhand des Informationsprozesses nachzuvollziehen schließt die Lücke, beseitigt das Intervall. Jeder Augenblick wird zum Augenblick der Gehirnorganisation in der simultanen, fortlaufenden Gegenwart. Selbst die Vorstellung des Augenblicks selbst, die Vorstellung der Zeit, löst sich auf.

Die evolutionäre Bedeutung all dessen ist für den Menschen einfach unfassbar. Es ist das Ende aller Bedeutung. Sein Ende.

Diese Übung stellt lediglich ein System, eine Methodologie dar. Wahrheiten sind hier nicht zu finden. Der Autor selbst glaubt kein Wort des hier Gesagten und interessiert sich nicht für die Formulierung eines neuen Dogmas. Es handelt sich um die Formulierung eines Systems, eine Abstraktion der Wirklichkeit, die nicht mit der Wirklichkeit verwechselt werden sollte. Wirklichkeit als Ganzes lässt sich nicht messen, außer anhand ihrer Wirkung. Die Einheit liegt in der Methodologie, im Schreiben, Lesen, in der Navigation. Das System kann uns weder absolute Antworten noch absolute Fragen liefern. Es gibt keine.

Das statische, fixe, lineare System wird nun von einem nichtlinearen, operationalen abgelöst. »Es ist wichtig zu bemerken, daß, wenn die Frequenz eines Oszillators durch Impulse von verschiedener Frequenz verändert werden kann, der Mechanismus nicht linear sein muß. Ein linearer Mechanismus, der mit einer Schwingung von einer bestimmten Frequenz arbeitet, kann lediglich eine Schwingung der gleichen Frequenz erzeugen, im allgemeinen mit einer Veränderung der Phase und der Amplitude. Dies stimmt nicht für nichtlineare Mechanismen, die Schwingungen mit Frequenzen hervorbringen können, die die Summe und Differenz verschiedener Oberwellen der Frequenz des Oszillators und der Frequenz der erzwungenen Störung sind.«* In einem linearen System gibt es keine Information. Solch ein System lässt sich nur anhand einer nichtexistenten Vergangenheit betrachten.

Suche nicht nach Anfängen oder Enden. Bewege dich durch die Wirklichkeit, ohne vorzugeben, zu wissen. Die Einheit ist methodologischer Natur. Die Einheit liegt in der Aktivität und wird zu keiner endgültigen Antwort führen. Sie ist ein Weg. »Alle Wege sind gleich: Sie führen nirgendwohin.«* Gehe immer weiter.

Der Mensch war blind für die auf Menschenhand zurückgehenden Veränderungen. Hätte er sie wahrgenommen, hätte man Fernsehgeräte vielleicht in einem anderen Licht gesehen. Er vermochte die Informationsmuster innerhalb des linearen Konstrukts nicht zu erkennen. Das Flackern fehlerhafter Bildröhren führte zu tödlichen Anfällen.* Wissenschaftliche Institutionen warnten davor, näher als 1,20 Meter vor dem Farbfernseher zu sitzen, weil das Krebs erregen könne.* Trotzdem stellte man dieselben alten Fragen: »Hat dir das Programm gefallen?« Währenddessen kodierten die aus dem Fernseherlebnis stammenden Informationen die Operationen des Gehirns.

Das Fernseherlebnis läuft den inneren biologischen Rhythmen zuwider, die der homöostatischen genetischen Verfassung seit den Anfängen der Evolution einprogrammiert sind. Diese biologischen Rhythmen sind unsichtbar und stellen für das Gehirn dennoch Informationen dar. Der flackernde Wechsel von Tag und Nacht bzw. hell und dunkel macht dabei den offensichtlichsten und vielleicht am wenigsten erkannten Rhythmus aus. Dieses Erleben bedeutet für das Gehirn eine ständige Einspeisung von Information*, die Veränderungen bewirkt, ohne dass man dies wollte oder sich dessen bewusst wäre. Außerdem gibt es in neueren Experimenten Hinweise, dass sich »bei allen Lebewesen die Aktivität der Geschlechtsdrüsen erhöht, wenn Lichtstrahlen auf die Netzhaut treffen … Wie auch bei anderen biologischen Kreisläufen kann ein Eingriff in den natürlichen Lichtzyklus zu Störungen der Körperfunktionen führen … Bis zum letzten Jahrhundert verbrachten die Menschen in den Wintermonaten viele Stunden im Dunkeln, und dies ist in vielen primitiven Gesellschaften auch heute noch der Fall. Der moderne Mensch ist dagegen das ganze Jahr über täglich sechzehn Stunden hellem Licht ausgesetzt. In Anbetracht der Tatsache, dass sich Lichtstrahlen auf die Hormonaktivität auswirken und dass viele, wenn nicht gar die meisten Körperfunktionen, an den Tag-und-Nacht-Rhythmus und den Ablauf der Jahreszeiten gebunden sind, erscheint es durchaus möglich, dass diese Veränderung der Lebensart weitreichende Konsequenzen für den Menschen hatte.«*

Das Fernsehen als Form der unmittelbaren Erfahrung lässt sich in diesem Zusammenhang auf zwei Ebenen betrachten. Erstens handelt es sich bei der Kathodenstrahlbildröhre um eine starke Lichtquelle. Fernsehen ist die einzige Gelegenheit, bei der Menschen anhaltend in eine Lichtquelle starren, im Durchschnitt wahrscheinlich vier Stunden täglich. Die Kathodenstrahlbildröhre projiziert Licht auf die Netzhaut. Zweitens reagiert der Mensch nicht nur auf das wahrgenommene Licht, sondern auch auf Faktoren, die mit biologischen Rhythmen zusammenhängen wie der flackernde Wechsel von Tag und Nacht. Das Fernsehen veränderte diesen Rhythmus mit Gewalt. Der Mensch sprach über die Gewalt, die offensichtlich im Fernsehprogramm herrschte. Im Lichte der obigen Überlegungen hätte er eine »Theorie der neuronalen Programme, des Fernsehens und der Gewalt« entwickeln können, in der er die These aufstellte, dass »aufgrund von Umständen, auf die wir keinen Einfluss haben, dieses ›Programm‹ gestört ist«, was bedeutet, dass es »durchaus Grenzen geben könnte, jenseits deren die natürlichen Rhythmen in ihren Frequenzen nicht mit den neuen periodischen Schwankungen in der Umwelt synchronisiert werden können.«* Gewalt.

»Wir sprechen!« Die unmittelbare Erfahrung des Gehirns wird kommuniziert. Und zwar mittels Information. Der Mensch hörte auf zu existieren, als man die nichtlineare Verlängerung der Erfahrung verstand. Es hat sie immer schon gegeben, aber nun ist es wieder an der Zeit, auszurufen: »Wir sprechen!« Gedankenkontrolle? Allerdings. Es handelt sich um einhundertprozentige Gedankenkontrolle. Tatsächlich befinden sich jegliche auf dieser Ebene stattfindenden Überlegungen jenseits menschlicher Moral. Es geht um einen großen Evolutionssprung.

Wir befinden uns außerhalb von Raum und Zeit; wir befinden uns jenseits von Gut und Böse. Es gibt bloß Information. Sie macht die Kontrolle aus, das Maß, in dem sich die Gehirnabläufe verändern. Es herrscht ständig vollkommene Kontrolle.

Der Mensch war stets blind für Erwägungen der Gegenwart. Im Augenblick der Durchführung einer Aktion wurde das menschliche Gehirn durchgängig durch Information kodiert. Diese Information hatte der Mensch selbst ersonnen. Er bestimmte, was er sein und was er denken würde. Diese Organisation fand in der Gegenwart statt. Aber der Mensch beging den Fehler, Abstraktion und Wirklichkeit miteinander zu verwechseln und sich der Illusion hinzugeben, er hätte ein Bewusstsein, und dann verkündete er auch noch, dieses Bewusstsein, diese Illusion, sei die Wirklichkeit. Bei der Kommunikation zwischen linearen und nichtlinearen Systemen gibt es mehrere Stolpersteine. Der größte ist die Tatsache, dass es lineare Systeme gar nicht gibt. Es gibt bloß Operationen im Gehirn, unmittelbare Erfahrung, eine nichtlineare Schwingung.

Statt die menschliche Welt, die lineare Abstraktion, die bewusste Motivation etc. zu betrachten, muss man die Aufmerksamkeit einem Universum der Kontrollmuster zuwenden, den Mustern vollkommener Kontrolle, dem nichtlinearen Prozess der neuronalen Aktivität. In diesem System besteht die Nachricht aus der Übertragung von Mustern. »Eine Nachricht muss nicht auf ein bewusstes menschliches Bemühen zurückgehen, um Ideen übertragen zu können.«* Arbeite auf der Ebene der Entschlüsselung jener Muster, die immer schon existiert haben, die der Mensch jedoch kaum jemals vermutet hat. Betrachte die Energietechnik: »Die Hauptfunktion der Energietechnik besteht in der Weiterleitung von Energie oder Strom von einem Ort zum anderen sowie in deren Erzeugung durch entsprechende Generatoren und in der Nutzung derselben in geeigneten Motoren, Lampen oder anderen dafür vorgesehenen Geräten. Solange dies nicht mit der Übertragung spezifischer Muster zusammenhängt, wie beispielsweise bei automatischen Steuerungsprozessen, bleibt Energietechnik eine eigenständige Einheit mit eigener Technik.«* Der Mensch war eine eigenständige Einheit mit eigener Technik. Die Einheit ist methodologischer Natur. Konzentriere dich auf die Übertragung operanter Muster. Die einzig echte Erfahrung findet in den Operationen des Gehirns statt. Die individuelle Erfahrung, die private Erfahrung, die persönliche Erfahrung: Illusion. Das Ende des Individuums.

Der Mensch beschäftigte sich mit der Bedeutung. Er betrachtete seine Bücher, seine Theaterstücke, seine Filme, sein Fernsehprogramm nur mit Blick darauf, was sie zu sagen hatten und welche Ideen sie übermittelten. Das Erlebnis bestand jedoch aus der Kommunikation selbst, aus dem, was das Gehirn tat. Der Mensch war für diese Veränderungen blind. Eine Geschichte war eine Geschichte – vollständig mit Inhalt, Moral, Erzählperspektiven und endgültiger Bedeutung – und sollte sich in vorgefertigte Wertesysteme einfügen. Überlegungen zur Geschichte auf der neuronalen Ebene sind wiederum eine ganz andere Geschichte. Jüngste Forschungen haben gezeigt: »Diejenigen Gehirnteile, aus denen Erinnerungen leicht und regelmäßig aufgerufen werden können, sind die, welche während des Flimmerns am meisten zu übersteigerten elektrischen Entladungen neigen; bei normalen Versuchspersonen wird hier das Muster aus hereinkommenden Reizen abstrahiert und nach dem Aufhören des Reizes für einige Zeit festgehalten.«*

Das Filmerlebnis besteht aus einem Flackern mit einer Frequenz von vierundzwanzig Bildern pro Sekunde – etwas höher und weniger gefährlich als die Frequenz, die für bestimmte Gehirne als schädlich gilt. Das auf eine behandelte Oberfläche projizierte und von dort reflektierte Licht – eine Fläche, die bis zu achtzig Prozent des Sichtfelds einnimmt – kann auf der neuronalen Ebene wie eine elektronische Botschaft ans Gehirn wirken. Wo bleibt die Bedeutung, wenn wir erkennen, dass emotionale Reaktionen die Folge elektrischer Flackerreize sind, die in den operanten Schaltkreisen des Gehirns gespeicherte Erinnerungseindrücke reaktivieren? Die Implikationen dieser Hypothese liegen auf der Hand. Wie können wir überhaupt von »das mag ich« und »das mag ich nicht« sprechen, ohne nach den Aktivitäten des Gehirns zu fragen – einer Welt ohne Ich?

Die Hauptrezeptoren für Sinnesreize erzeugen keine neuronale Energie. Die Quelle dieser Energie liegt in den Schwerkraftrezeptoren, die die Streckung der Muskeln anzeigen. »Die visuellen Rezeptoren, auf die bis zu Zweidritteln der an das Gehirn übermittelten Sinnesreize zurückgehen, sind als Quelle für neuronale Energie unbrauchbar.«* Betrachte in diesem Lichte die Wechselwirkung zwischen dem Organismus und seiner Umwelt in Bezug auf die an das Gehirn übertragene Information. Die Rezeptoren im Auge nehmen Licht normalerweise als Bewegung wahr. »[D]as menschliche Auge [beschränkt] höchst ökonomisch seine beste Form- und Farbenwahrnehmung auf einen relativ kleinen Teil der Netzhaut ..., während seine Bewegungswahrnehmung auf der Peripherie besser ist. Wenn das periphere Sehen irgendeinen Gegenstand aufgefaßt hat, der durch Glanz- oder Lichtkontrast oder Farbe oder vor allem durch Bewegung auffällt, so erfolgt eine Reflexrückkopplung, die ihn auf das Netzhautzentrum bringt ... Wir sind bestrebt, jedes Objekt, das unsere Aufmerksamkeit auf sich zieht, in eine Standardlage und -orientierung zu bringen, so daß das visuelle Bild, das wir von ihm formen, innerhalb eines möglichst kleinen Bereichs variiert.«*

Betrachte das Filmerlebnis nicht in Bezug auf die Bilder des Films selbst, sondern hinsichtlich der Bewegung des flackernden Lichts, des Aufblitzens und Verlöschens, vierundzwanzigmal in der Sekunde. Es besteht ein Zusammenhang zwischen der aufgrund dieses Erlebnisses an das Gehirn gesendeten Information und der Entstehung neuer Aktionspotentiale. Anders als sonst, wenn das Auge einhundert Prozent des Sichtfelds abtastet, Bewegungen aufnimmt und sie auf die Sehgrube bringt, kann das Licht in Form von Bewegung beim Filmerlebnis bis zu achtzig Prozent des Gesichtsfelds umfassen. Die normale Reflexrückkopplung, durch die die Bewegung auf die Sehgrube gebracht wird, ist nicht mehr möglich, weil die äußeren Muskeln in einer Streckung blockiert sind, die keiner anderen im täglichen Leben ähnelt. Die aus diesem Erlebnis gewonnene Information misst man daran, was das Gehirn tut, um sich dieser Veränderung anzupassen. In diesem Fall haben wir allen Grund zu der Annahme, dass dieses Erleben eine starke Quelle neuronaler Energie darstellt. Dabei liegt die Quelle nicht in dem, was das Auge sieht, sondern in dem, was es tut: Muskelstreckung und Schwerkraftrezeptoren versorgen das Gehirn mit Information.

Diese Spekulationen zur Beziehung zwischen der Kraft der Umwelt und der auf der neuronalen Ebene eingebundenen Aktivität werfen eine interessante Frage auf. Wenn wir uns über das nicht existente lineare Konstrukt des Films hinaus und in die unmittelbare Erfahrung des Gehirns hineinbewegen, erkennen wir leicht, dass genau derselbe Film, in zwei unterschiedlichen Kinos angeschaut, dem Gehirn äußerst unterschiedliche Informationen liefern kann. Sitzt man in den hinteren Reihen eines Kinos mit einer winzigen Leinwand, werden nur etwa fünf bis zehn Prozent des Sichtfelds dem Licht als Bewegung ausgesetzt. Sitzt man dagegen in den ersten Reihen eines Breitwandkinos, werden bis zu achtzig Prozent des Sichtfelds dem Licht als Bewegung ausgesetzt. Aber der Mensch, das nicht-existente lineare Konstrukt, vermochte nicht über solche Fragen hinauszuglangen wie: »Worum ging es?«, »War der Film gut?«, »War er schlecht?« Sein Geist sah einen Film; das aktuelle Erleben veränderte die Funktionsweise seines Gehirns.

Jeder Film ist der erste Film. »Mechanismen für den Empfang und die Reaktion auf Reize werden wenigstens zum Teil durch frühere Stimulation erzeugt.«* »Die vom Gehirn empfangene Information bestimmt die Art der Reaktion und verhindert die Erzeugung neuer Programme.«* »Während der Verstand und die Sinne durch wiederholte Erfahrungen konditioniert werden, nimmt die Fähigkeit, die äußere Welt neu wahrzunehmen, üblicherweise ab. Die Menschen nehmen die Welt also nicht mit Hilfe all ihrer genetischen Möglichkeiten wahr und handeln entsprechend, sondern nur mit Hilfe der Bereiche dieses Spektrums, die nicht durch hemmende Mechanismen blockiert und durch Umwelteinflüsse, vor allem frühe, bestimmt werden.«* Die Information, die das Gehirn aus dem Filmerlebnis zieht, dient gleichermaßen der Kodierung und Festigung operanter Programme. Diese Kodierung und Festigung mittels Information muss man im Blick auf die ständigen Abläufe im Gehirn untersuchen. Es gibt Grund zu der Annahme, »daß es möglich ist, eine Nachricht in Form einer fortwährenden Änderung bestimmter Speicherelemente zu konservieren«.* Sobald diese Änderung wirksam wird, kann die durch neue Reize entstandene Information den Anlass bieten, die als Änderung der Speicherelemente konservierten Programme zu aktivieren und so den vorhandenen Operationsmustern Gestalt zu verleihen.

Bestimmte Informationen sind als Informationen für die gesamte Spezies in die Operationsweise des Gehirns einprogrammiert. Diese Muster aktivieren das sympathische Nervensystem, Teil des vegetativen oder autonomen Nervensystems. »Das sympathische Nervensystem liefert die für die Kampf-oder-Flucht-Reaktion benötigte Energie, indem es im Körper Adrenalin ausschüttet.«* Die dafür benötigten hormonellen Veränderungen werden wiederum vom Gehirn ausgelöst, bevor es überhaupt zu einer Aktion kommt.* Jeder Film ist der erste Film. Noch vor dem Kauf der Eintrittskarte öffnet das Gehirn sein formelhaftes Filmprogramm. Die Information, die das Gehirn beim Kartenkauf erhält, kann schon ausreichen, um die hormonelle Reaktion auf das Filmerlebnis in Gang zu setzen. Eintrittskarte kaufen: den Film sehen.

Wir vermögen nur in der Gegenwart über diese Informationsmusterbildung des Gehirns zu sprechen. Für das Gehirn gibt es keine andere Welt, nur das Alles-zugleich simultaner Abläufe. Das ist alles; mehr gibt es nicht. »Was hier zu finden ist, kann überall gefunden werden. Was hier nicht zu finden ist, kann nirgends gefunden werden.«* Alles Wirkliche kann in den Operationen des Gehirns gefunden werden. Raum und Zeit sind Betrachtungen zur Interpretation der Organisation und nicht der Transaktion. Kausalität und Abfolge sind ein Mythos. Es gibt kein erstes Mal. Abfolge ist Gleichzeitigkeit.

»[D]er Mensch und seine Umwelt formen sich gegenseitig. Der Mensch ist nun in der Lage, die gesamte Welt, in der er lebt, tatsächlich zu schaffen, worauf sich die Ethnologen als sein Biotop beziehen. Indem er diese Welt schafft, determiniert er seine Wirklichkeit, welche Art von Organismus er sein wird.«* Die Natur war ein von Menschen gemachtes Phänomen. Die Erfindung oder Erkenntnis der nicht-linearen Verlängerung der Gehirnerfahrung – die Sozialisation des Geistes – bewegt sich auf derselben Ebene wie die Erfindung der Sprache. Der Mensch erkannte nicht, dass er sprach, bis er eines Tages ausrief: »Wir sprechen!« Sobald wir verstehen, dass die Gehirnerfahrung fortlaufend durch den Informationsprozess kommuniziert wird, vermögen wir zu erkennen, dass die Verlängerungen des Menschen als Kommunikation und nicht als Mittel für den Kommunikationsfluss begriffen werden müssen. Als solche stellen sie die Informationen für den fortlaufenden Prozess neuronaler Kodierung zu Verfügung. Das Intervall hat sich geschlossen. Keine Individuen mehr. Keine Menschen mehr. Es handelt sich um einen Prozess. Wir konstruieren eine Schleife, deren Output die Information für den Input liefert. Auf der Ebene der Spezies ist der Output (das Verhalten) die Umwelt. Der Input ist der Nervenimpuls. Eine Veränderung in der Umwelt (Output) liefert dem Gehirn die Information, die es benötigt, um seine Kontinuität durch Anpassung oder eine Änderung in seinen Operationen (Input) aufrechtzuerhalten. Der Mensch erschuf den »Geist«. Der Mensch bestimmte seine Evolution. Der Mensch ist tot. Tot und begraben.

Weil die Bezugrahmen für Entschlüsselung der Kommunikationsmuster nicht leicht zu verstehen sind, drohen Gefahren. Der Mensch, der in einer nichtexistenten, scheinhaften Welt des vergangenen Augenblicks lebte, vermochte die Muster seiner Gehirnaktivität nicht gleich zu erkennen. Die Veränderung erfolgte zu schnell. Der Mensch veränderte sich bis zur Nichtexistenz. Der Mensch ist tot.

Ein Wort vom Autor: Es gehört nicht gerade zu den einfachsten Unterfangen, der menschlichen Spezies zu entkommen und danach die Zerstörung der Menschheit herbeizuführen. Vielleicht handelt es sich beim Tod einer Abstraktion um den schwierigsten Tod von allen. Das Gehirn wird durch abstrakte Denkweise und empfangene Informationen konditioniert. Diese Muster sterben nicht so einfach ab. Ihre Zerstörung bedeutet die ultimative Gewalt. Was bleibt, ist die geisterhafte Traumwelt des Menschen – eine Welt, eine Abstraktion, an der Teilhabe nicht länger möglich ist.

Das Gehirn neigt dazu, auf neue Erlebnisse in bestimmten stereotypen Weisen zu reagieren. Frühere Reaktionen auf ältere Erfahrungen bestimmen die Reaktionen auf neue. Operationsmuster haben die Tendenz, sich zu verfestigen und dadurch den Erwerb neuer Erfahrungen zu behindern. Jegliche Kodierung, jegliche neuronale Prägung findet in der Gegenwart statt. Die operationale Prägung kann als Maß für Information gelten, als Maß der adaptiven Veränderung. Diese Prägung geschieht ständig. Der Mensch war sich dessen nie bewusst; er wurde nie um Erlaubnis gefragt und hat sie nie gegeben. Es gab und gibt keine Wahl.

Das wichtigste Merkmal des elektronischen Zeitalters ist der Informationsfluss. Man sollte ihn jedoch nicht mit Worten oder Bildern verwechseln. Vielmehr hat er mit Kontrolle, mit der Verlängerung des zentralen Nervensystems aus dem Körper in die Welt als Welt hinein zu tun. Neue Technologien bewirkten eine Veränderung in den Gehirnabläufen. Telefongesellschaften, Stromversorger, Baufirmen, Gerätehersteller etc., waren alle im selben Geschäft tätig: dem des Informationsflusses. Telefongesellschaften berechneten ihre Gebühren nach Zeit, Stromversorger stellten Strom in Rechnung, Hersteller von Fernsehgeräten ein Produkt. Keiner berechnete seine Gebühren nach der Information, nach der evolutionären Wirkung ihrer Produkte und Dienstleistungen auf die Menschheit.

Elektrizität ist der vereinende Faktor, der alle Gehirne auf der Welt gleichzeitig dieselben Operationen durchführen lässt. Dank der Elektronik können Abermillionen Gehirne zur selben Zeit auf dieselben Informationen reagieren. Information ist ein Maß für die Veränderung der Gehirnaktivität, eine Modulation der Frequenz. Jedes Gehirn arbeitet auf dieselbe Weise, auf derselben Frequenz, auf derselben Wellenlänge und führt gleichzeitig dieselben Operationen aus. Nicht Bruderschaft, sondern Einheit.

Die Vergangenheit ist eine Illusion. »Das Zukünftige ist nicht ...«* Wir müssen sogar gänzlich aufhören, von der Gegenwart zu sprechen, die andere Aspekte der Abstraktion der Zeit impliziert. Zeit, die nicht unmittelbar erfahren werden kann. Zeit, die in der neuronalen Welt nicht existiert. Betrachtungen zur Interpretation der Ordnung der Gehirnerfahrungen gehören in die Welt der Vergangenheit. Die Vergangenheit ist eine Illusion. Es gibt keine Abfolge. Es gibt keine spezifische Kausalität. Es gibt bloß die Ordnung und Organisation des Gehirns in einer Welt simultaner Operationen. Die Vergangenheit ist eine Illusion. Abfolge ist Gleichzeitigkeit.

Das Gehirn ist ein Endgerät in einem Prozess, der selbst die Dynamik und den Bezugspunkt darstellt. Auf diesen Bezugspunkt stößt man nicht in Gestalt einer materiellen Grundlage, sondern in Betrachtungen zu Funktionen und Operationen. Man findet ihn im Übertragungsprozess neuronaler Muster. Erfassen kann man diese dynamische Situation durch die Beobachtung von Operationen und die Messung von Information. Beobachtung und Messung, nicht Klassifizierung und Kategorisierung.

Das Gehirn stimmt sich ständig auf neue Rhythmen ein. Es programmiert sich selbst als ein selbstorganisierendes System, das Evolution genannt wird. Auf diese Ebene ständiger Wechselwirkung mit neuen Rhythmen und auf den Organisationsprozess sollte man jetzt die Aufmerksamkeit richten. Nicht auf Sex, nicht auf unbewusste Triebe, nicht auf ikonenhafte Archetypen, nicht auf Metaphysik. Es gibt keinen Zweck. Es gibt keine Ziele.

Der Mensch schätzte stets den Wert seiner Identität; aber zu wissen, wer er war, sagte ihm nur, was bereits geschehen war. Menschen sind nicht länger wichtig oder einer Überlegung wert. Der Mensch ist tot. Keine Menschen mehr, mit ihrer Liebe, ihren Ängsten, ihren Sehnsüchten. Es heißt, »der Mensch meint, er sei überaus wichtig, aber für eine Mücke ist er bloß etwas Gutes zu essen«.* Erkenne die Gefühle der Menschen nicht an. Menschliche Gefühle gibt es nicht. Respektiere keinen. Die Menschen existieren nicht. Keine Träume mehr, keine Illusionen.

»Ich bin verliebt.« Der Nervenimpuls steht nicht zwangsläufig mit dem Sinnesreiz in Beziehung. Stereotype neuronale Programme können in allen möglichen Situationen abgerufen werden. »Ich bin verliebt.« Gesicht und Körper verändern sich, aber die Liebe bleibt dieselbe, dasselbe Gefühl. Solche stereotypen Programme gehen auf frühere Erlebnisse zurück, die die operanten Gehirnaktivitäten kodieren und festigen und die Anzahl möglicher Reaktionen einschränken. »Ich bin verliebt.« Jedes Vergnügen, jedes Gefühl der Liebe existiert nur in unserem Gehirn. Neuronale Programme. Kein Herz.

Jeder Film ist der erste Film. Jeder Liebhaber ist für die simultanen Operationen im Gehirn die erste Liebe. Wahrscheinlich hat das Gehirn auch für den Orgasmus einen operanten Schaltkreis. Sobald ein passender Partner auftaucht, wird der Schalter umgelegt ... Bzzz ... Und der Schaltkreis ist aktiviert. Der Erwerb von Erfahrung durch das Gehirn hemmt den Erwerb neuer Erfahrung. Es handelt sich um einen Prozess des Ordnens und Organisierens. Das Bzzz, das den Orgasmus-Schaltkreis aktiviert, verleiht dem Gestalt, was im Gehirn bereits geschieht. Das Gehirn kann diesen Schaltkreis mit oder ohne aktive Beteiligung eines Partners auslösen. Einige der schönsten Augenblicke im Leben des Menschen ereigneten sich, als er tief und fest schlief. Bzzz. Der Nervenimpuls wird nicht zwangsläufig von der Art des sensorischen Inputs bestimmt. Jede Art von Reiz genügt. Eines Tages werden die Operationen im Gehirn sofort und auf Knopfdruck verfügbar sein.

Elektrische Reize können im Gehirn Erlebnisse auslösen, die sich nicht von echten unterscheiden lassen.* Mit anderen Worten, das Gehirn ist nicht in der Lage, zwischen Wirklichkeit und Illusion zu unterscheiden. »Durch geeignete elektrische Stimulation von Zellaggregaten im lebenden menschlichen Gehirn lassen sich Phänomene erzeugen, die Erinnerungsqualität (und gelegentlich auch Gedächtnisqualität im alten Sinne des Wortes) besitzen und dabei Eigenschaften aufweisen, die es manchmal aufgrund ihrer eindringlichen Lebhaftigkeit und ihrer Auswirkungen auf das Bewusstsein mit normalen afferenten Sinnesreizen einerseits und manchmal auch mit wirksamen und bezüglich des Gehalts des angeregten Phänomens angemessenen Reaktionen andererseits aufnehmen können.«* Für das Gehirn gibt es keine Illusion. Wirklichkeit ist jeweils, was das Gehirn tut. Elektrische Reize können auf frühere Erlebnisse zurückgehende Programme aktivieren. Im Laufe der Dekodierung und Entschlüsselung der Funktionen der neuronalen Aktivität scheint es im Bereich des Möglichen zu liegen, solche Vergnügen wie den Orgasmus einhundert, ja eintausend Mal am Tag zu erleben.

Für das Gehirn gibt es keine Illusion. Es gibt keine Grenze, anhand deren sich beliebige Kategorien wie Gut und Böse, normal und pervers, geistige Gesundheit und Geisteskrankheit voneinander trennen ließen. Die Wirklichkeit ist jeweils das, was das Gehirn tut. Auf der neuronalen Ebene gibt es keine Geisteskrankheit, keine negative Denkweise, keine Perversion, keine Unmöglichkeit und keine Verantwortung.

Angesichts der Tatsache, dass sich die genetische Struktur des menschlichen Organismus vor einer Ewigkeit festigte, wurden das evolutionäre Wachstum und die Entwicklung des Menschen von seiner eigenen Aktivität abhängig. Information lief durch Generationen von Gehirnen hindurch. Die Wirkung dieser Information ist die Umwelt. Umwelt ist vergangene Erfahrung; Umwelt ist Illusion. Die Umwelt umfasste den Menschen. Der Mensch wusste nie, was eigentlich geschah. Sein Wissen, seine Wahrnehmung waren Illusion. Um Fragen zu stellen, um die Transaktionen zu entschlüsseln und zu dekodieren, wende dich der Umwelt zu, der Wirkung, und arbeite dich von dort zurück. Die efferente motorische Aktivität, der Output oder die Umwelt, wurde über die Informationsrückkopplung mit dem afferenten Nervenimpuls, dem Input, verbunden. Vergiss den Menschen. Das Gehirn ist nur ein Endgerät, kein Urheber. Betrachte die Umwelt und miss, wie sich das Gehirn aufgrund der Interaktion mit jenen Kräften verändert, die nicht-lineare Verlängerungen seiner eigenen Erfahrungen darstellen.

Das Gehirn ist kein Aufbewahrungsort für Ideen. In keinem Gehirn gab es jemals eine Idee. Erkenne also, dass der Mensch sich selbst geformt hat und die Natur deshalb menschengemacht ist, weil die Wirklichkeit in den Operationen des Gehirns liegt. Alles, was man für angeboren und natürlich gehalten hatte, war in Wirklichkeit Funktion der simultanen Operationen im Gehirn. Der Schlüssel zur Natur liegt im Studium der menschlichen Kommunikation.* Der Mensch, das sozialste Lebewesen von allen. Die goldene Regel lautet: »Behandle andere so, wie du von ihnen behandelt werden möchtest.« Es gibt jedoch keine »anderen«. Es gibt kein Selbst. Diese Trennung existiert nicht mehr. Stattdessen gibt es grenzenlose Beteiligung.

Im Namen Gottes. Und Gott schuf den Menschen nach seinem Bilde. Und der Mensch schuf Gott nach seinem Bilde. Doch nun ist das einzig in Frage kommende Bild operant, eines, das nicht statisch an einem festen Ort existieren kann. Man muss es in den Operationen des Gehirns suchen, und nicht an einem bestimmten Ort oder in einer bestimmten Zeit. Raum und Zeit, die nicht unmittelbar erfahrbar sind. In einer Welt simultaner Operationen gibt es bloß Information. Der Mensch war sich unmittelbarer Erfahrung nicht bewusst. Diese Dimensionen befinden sich jenseits von Zeit und Raum. Es sind die Dimensionen unmittelbarer Erfahrung, Dimensionen, die dem einzelnen Verstand, die dem Menschen nicht zugänglich sind.

Hat sich der Mensch zu Gott entwickelt? Ein Wesen, das sich jederzeit an jedem Ort in einer Welt simultaner Operationen befindet? Wo immer der Mensch hinging, begleitete ihn seine Information.* Der Transport menschlicher Körper wurde bedeutungslos im Vergleich zur Übermittlung von Informationen über Zeit und Raum hinweg. Menschengemachte Technologien veränderten die Funktionsweise jedes Gehirns. Das Verständnis, wie das Gehirn seine operanten Darstellungsprozesse organisiert, machte aus Menschen Götter. Es gibt jedoch nur die Welt simultaner neuronaler Funktionen. Was ist mit den Göttern? Für sie gibt es keine Zeit und keinen Raum mehr.

Keine Kunst und keine Künstler mehr. Taten, nicht Gegenstände. Ritual, nicht Besitz. Die wahre Kunst liegt in der Entschlüsselung neuronaler Kodierungsprozesse. Diese Navigation sucht ihren Weg über die in der Umwelt verstreuten Hinweise und setzt Prozesse in Gang, die es ermöglichen, dass sich Muster zeigen.

In dieser Übung geht es nicht um endgültige Definitionen. Sie legt Hypothesen vor, die nur solange Verwendung finden sollten, wie sie funktionieren. Jede Hypothese wird durch ihre Parameter begrenzt. Für jedes System existiert eine Wahrheit, die das System beweist, aber nicht innerhalb des Systems selbst bewiesen werden kann. Für den Mensch war dies die Organisation des Gehirns durch unmittelbare nicht-lineare Erfahrung, die der Mensch als Bewusstsein interpretierte – das Bewusstsein, das nie zu erklären vermochte, wie es bewusst wurde. Gedanken verraten nicht, was das Gehirn tut. Bewusstes und Unbewusstes gibt es nicht. Es gibt bloß die Tätigkeit des Gehirns. Weil diese jedoch nur in Bezug auf die Organisation des Gehirns erfasst werden kann, einer dem fraglichen Individuum nicht zugänglichen Größe, geht das System über das individuelle Gehirn hinaus und in den Evolutionsprozess hinein, wo eine Vielzahl von Gehirnen als für ständigen Informationsfluss sorgende Endgeräte dienen. Für jedes System existiert eine evidente Wahrheit, die das System beweist, aber nicht innerhalb des Systems selbst bewiesen werden kann. Der Mensch ist tot.

Der Mensch ist tot. Selbsterkenntnis, Selbstbewusstsein, Selbstachtung ließen ihn sterben, brachten ihm den Tod. Es ist ein Mythos. Es ist vorbei. Der Mensch suchte nach Möglichkeiten, sich selbst auszudrücken, nach Individualität und Persönlichkeit. Doch sein Bild der Welt war eine Funktion der Erfahrung seines Gehirns. Das Gehirn vermag nur innerhalb der Parameter seiner eigenen Konstruktion nach Informationen zu handeln. Es ist nicht »frei und ungebunden«. Es gilt, den Prozess zu analysieren, das operante Konzept dessen, was etwas tut, und nicht statische, in sich geschlossene Seinszustände. Überlegungen zur Individualität und Persönlichkeit gehen bloß an der Frage vorbei.

Der Begriff der Freiheit ist einfach absurd. Wo es keine Wahl gibt, da gibt es auch keine Freiheit. Antagonisten, Protagonisten. Scheinhafte Abstraktionen. Alles Ergebnis ähnlicher operanter Darstellungen im Gehirn. Ich und du; wir und sie; gut und böse; Subjekt und Objekt. Antagonisten und Protagonisten: alles eine Frage der Identität, des Besitzes. Besitz von Ideen.

Es ist nicht länger möglich, auf politische Überlegungen zu verweisen – eine Domäne des Menschen, der illusorischen Vergangenheit. Demokratie, Kommunismus, Sozialismus, Faschismus: gibt es nicht mehr. Freiheit, Freisein, Polizeistaat, Wohlfahrtsstaat: gibt es nicht mehr. Jenseits der Freiheit. Der Mensch war nie frei. Er war Gefangener seiner biophysiologischen Funktionen. Er handelte aufgrund der Konstruktion seines Gehirns und der dort empfangenen Informationen. Information, die empfangen wurde, ohne dass er sich dessen bewusst gewesen wäre oder dem zugestimmt hätte. Das Konzept des freien Menschen, das Konzept einer freien Wahl, hat keine Geltung mehr.

Politische Überlegungen sind belanglos. In aller Welt dachten die Staatsführer in Begriffen der Kontrolle und glaubten, Macht sei der Schlüssel. Aber es herrscht stets vollständige Kontrolle: Information ist der Schlüssel. Die unmittelbare nicht-lineare Erfahrung des Gehirns ist übertragbar. Information passiert die willkürlich gesetzten Grenzen der Menschheit, als ob es sie nie gegeben hätte.

Die sogenannten menschlichen Gemütszustände waren nicht mehr als Gewohnheit. Angst. Liebe. Sehnsucht. Hass. Schmerz. Vergnügen. Freude. Leg den Schalter um, und das Gehirn aktiviert das jeweilige Programm. Gleiches gilt für die erhabensten Gefühle des Menschen. Ehre. Würde. Altruismus. Patriotismus. Gepflogenheit. Menschliche Gewohnheit.

Bei Information gibt es keine Wahl. Sie ist ein Maß für Wirkung, ein Maß für die Veränderungen in den Operationen des Gehirns. Weil das Gehirn in einer Welt fortlaufender simultaner Operationen arbeitet, kann man sagen, dass Information durchgehend im System zirkuliert. Weil Information ein Maß für Kontrolle ist, gibt es stets hundertprozentige Kontrolle. Es gibt keine Wahl.

Wie die Erforschung der Hirnaktivität gezeigt hat, wird das Operationsprogramm im Blick auf unmittelbare Erfahrung als operanter Schaltkreis eingeprägt. Man muss sich vor Augen halten, dass man sich der Operationen im Gehirn nicht bewusst sein kann. Diese Prägungen existieren in der Welt simultaner Operationen. Durch elektrische Stimulation des Schläfenlappens mit Hilfe implantierter Elektroden hat man demonstrieren können, dass die Einprägung eines früheren Programms aktiviert werden kann. Die Illusion einer Vertrautheit nach Art eines *Déjà-vu* wird ebenso von einer elektrischen Stimulation des Schläfenlappens und der darauffolgenden elektrischen Entladung auf nur einer Seite des Gehirns – nämlich auf der für die schwächer ausgebildete Händigkeit zuständigen Seite – aktiviert; dasselbe gilt für die Interpretation von Form, Schärfe und Geschwindigkeit.* Wir wissen außerdem, dass das elektrische Flackern eines Films (vierundzwanzig Bilder pro Sekunde) unter Umständen dasselbe Hirnareal durch übermäßige elektrische Entladung anregen kann.* Überlegungen zu einem individuellen »Geist« gehen nur an den eigentlichen Fragen vorbei, die durch Analyse und Beobachtung auf der operanten Ebene problemlos untersucht werden könnten. Eine operante Beobachtung und Analyse sind innerhalb des Abstraktionssystems des Menschen nicht möglich.

Man kann die Muster erkennen, indem man den Output misst und ihn in Beziehung zum Input setzt. So zeigt sich, in welcher Beziehung Veränderungen der Umwelt zu Veränderungen in den Operationen des Gehirns stehen. Die Beziehung ist nichtlinear; das Maß für die Beziehung ist Information, die wiederum ein Maß für die Veränderung der Operationen des Gehirns darstellt. Sie geht über die Abstraktion des Individuums hinaus. In gewisser Weise vermochte der Mensch nie zu erkennen, dass er von seinen Ausweitungen angetrieben wurde. Er war das Endgerät, nicht der Urheber. Alles lief durch ihn hindurch. Es war nicht das Leben, es war ein Prozess.

Das Ganze läuft auf Rhythmus hinaus. Die Wirklichkeit liegt im Prozess der neuronalen Aktivität. Es kommt zur Entwicklung von Abstraktionssystemen, die den in Funktion befindlichen Phänomenen ermöglichen, ihre eigene Aktivität zu überwachen. Tatsächlich handelt es sich bei dieser Überwachung nicht um die Beobachtung vorhandener Aktivität, sondern um neue Aktivität. Sie wird mittels Frequenzen, Rhythmen, Zahlen dargestellt. Als der Mensch versuchte, die letzte materielle Grundlage der Identität aufzuspüren, begab er sich bis hinunter auf die Ebene molekularer Spektren, fand dort jedoch weder Materie noch Mechanismen, sondern einzig ein selbstorganisierendes Frequenzmuster. Einen Prozess. Ein Ganzes, das durch operante mathematische Symbole dargestellt werden kann, sich aber nur als Emission begreifen und messen lässt. Wer bin ich?

In dieser Übung gibt es keine Fußnoten, und es wird auch keine geben. Besitz ist eine menschliche Angewohnheit. Der Autor legt keine Ideen, sondern Informationen dar. Nicht Worte und Bilder, sondern eine Transaktion, die nur als Information gemessen werden kann. Es mag inkonsequent erscheinen, das lineare Format des gedruckten Buchs zu nutzen, um die Nachricht zu übermitteln, dass es bloß Information gibt. Die Entität »Buch« ist eine willkürliche Repräsentation der Wirklichkeit, ähnlich der Symbolisierung operanter Muster als »Mensch«. Auf der neuronalen Ebene können wir beobachten, wie das »Buch« als Ausweitung des Menschen Signale zurückleitete, die dem Gehirn sagten, was es zu tun hatte. »In einem gewissen Sinne können wir sagen, dass es zwischen dem Menschen und seinen Produkten zu einem Informationsaustausch kommt.«* Das ist der Prozess. Er wird auf der neuronalen Ebene eingebunden. Er ist nicht-linear.

Sprache. Diese Übung nutzt Sprache, um auszudrücken, dass es Sprache gar nicht gibt. Es gibt bloß Information, die die unmittelbare Erfahrung des Gehirns reguliert. Die Währungseinheit des Nervensystems ist das Aktionspotential. Der Schlüssel zur Sprache liegt in den Operationen des Gehirns. Die Universalien der Sprache sind die Universalien neuronaler Muster. Verschiedene Sprachen teilen die Wirklichkeit nach ihren jeweiligen Vorlieben ein. Auch die Mathematik muss hier einbezogen und als Sprache angesehen werden. »Vielleicht gibt es sogar so etwas wie ›die Sprache‹ gar nicht. Die Aussage, ›Denken ist eine Angelegenheit der SPRACHE‹, ist eine unkorrekte Verallgemeinerung des schon etwas richtigeren Satzes, ›Denken ist eine Angelegenheit verschiedener Muttersprachen‹. Wenn wir von ihnen aus nach einem Allgemeinen suchen, so wird das vielleicht nicht irgendein Universalbegriff von ›Sprache‹ sein, sondern etwas, das besser als ›sublinguistisch‹ oder ›superlinguistisch‹ bezeichnet würde und das, so anders es auch sein mag, NICHT ETWAS VÖLLIG ANDERES als das ist, dem wir heute das Adjektiv ›geistig‹ [mental] beilegen.«*

Das Konzept der »Sprache« selbst ist hier der Fallstrick. Was immer auch geschieht, lässt sich wunderbar betrachten, ohne jemals den konzeptionellen Rahmen der »Sprache« zu verwenden, die es ihrem Wesen nach schwermacht, die Transaktion, den Prozess zu untersuchen. Es geht uns hier nicht um das lineare System des »Menschen und seiner Sprache«, sondern um Erfahrung auf der neuronalen Ebene, der einzig unmittelbaren Erfahrung. Worte sind nicht unmittelbar erfahrbar. Der Mensch hat sie nie erfahren. Er hat die Erfahrung eines anderen sprechenden Menschen, eines Radios, eines Buchs, eines Fernsehgeräts, eines Telefons etc. gemacht. Die Erfahrung war nie eine der Sprache. Wir bewegen uns weg von der Beziehung sprechender Mensch zu sprechendem Menschen, Mensch zu Radio, Mensch zu Buch, denkender Mensch zu denkendem Menschen und hin zu einer Untersuchung des Transaktionsprozesses, der auf der Ebene operanter neuronaler Aktivität mit eindeutigen numerischen Begriffen erfasst werden kann. Und dennoch verwendet dieses Buch Worte. »[W]ir [müssen] stets irgendwo in der Mitte anfangen …, über die Wirklichkeit zu sprechen mit Begriffen, die erst durch ihre Anwendung allmählich einen schärferen Sinn erhalten …«* Es ist Teil des Prozesses. Der Autor ist sich der Tatsache bewusst, dass es für jedes System, das eine logische Wahrheit hervorbringen kann, eine evidente Wahrheit gibt, die das System beweist, aber nicht innerhalb des Systems selbst bewiesen werden kann.

Die Wirklichkeit besteht nicht aus Worten oder dem Konstrukt der Sprache. Die Wirklichkeit liegt in den nicht-linearen Funktionen der neuronalen Aktivität. Die einzig wirklichen Phänomene sind operant und nicht-linear. Worte können nur im Sinne der illusorischen Vergangenheit betrachtet werden. Der Mensch dachte, die Wahl bestünde zwischen Ideen, die ihren Ausdruck in der Sprache finden. In Wirklichkeit betraf die Wahl die Information, die Frage, wie die Verwendung verschiedener Sprachmuster die Funktion des Gehirns verändert. Weil sich der Mensch seiner Gehirnaktivität nie bewusst sein konnte, gab es keine Wahl. Schweigen.

Wahre Kontrolle hatte nichts mit der von nationalen Regierungen ausgeübten Kontrolle zu tun. Kontrolle erfolgt über den Informationsprozess. Als Kommunikation, als Rückkopplungsausweitungen verstanden, leiteten die menschlichen Technologien Signale an den Menschen zurück und teilten dem Gehirn mit, was es zu tun hatte. Während die Regierungen ihre traditionellen Vorrechte ausübten, setzte sich dieser Prozess unbemerkt fort. Keine demokratische Regierung, keine gesetzgebende Körperschaft hat jemals durch Wahl oder Stimmabgabe angegeben, welche Informationen erwünscht waren. Niemand hat jemals für das Telefon gestimmt. Niemand hat jemals für das Auto gestimmt. Niemand hat jemals für den Buchdruck gestimmt. Niemand hat jemals für das Fernsehen gestimmt. Niemand hat jemals für die Raumfahrt gestimmt. Niemand hat jemals für die Elektrizität gestimmt. Niemand hat jemals für die Atomkraft gestimmt.

Es gibt nur nicht-lineare Phänomene. Die Kommunikation unmittelbarer neuronaler Erfahrung ist eine wichtigere Erfindung als die des Rades, der Dampfmaschine, der Atomkraft. Die Reise durch die innere Kartographie des Nervensystems ist sehr viel aufregender, bedeutender und gefährlicher als der Flug zum Mond und an die äußersten Ränder des Weltalls.

Es ist eine Frage der Suche nach Fragen. Diese Übung stellt weder Regeln auf, noch formuliert sie Dogmen. Sie versucht sich an der Erschaffung eines funktionsfähigen Modells, wobei sie ihr Augenmerk nicht auf Wahrheit, sondern auf Zweckmäßigkeit legt. Die einzig brauchbaren Regeln sind die zweckmäßigen. In diesem System besteht kein Interesse an Wahrheit, gibt es keine Möglichkeit für Wahrheit. Eine feste Grundlage, eine haltbare Wirklichkeit, von der aus man Dinge verkünden könnte, existiert nicht mehr. Wir bewegen uns auf eine stets nur erschlossene, mit den uns verfügbaren Symbolen und Bezugsrahmen niemals erkennbare Wirklichkeit zu. Wir stoßen lediglich auf ein Modell. Der Mensch war solch ein Modell. Der Mensch, das Modell, ist tot.

Man muss das Leben nicht mehr bejahen. Niemand hört dir zu, niemand interessiert sich für dich, niemand interessiert sich für deine Worte.

II

Niemandsland

Fortschritt ist nichts als Entschaffung. »›Entia non sunt multiplicanda praeter necessitatem.‹ (Wir dürfen die Existenz eines Dinges nur dann annehmen, wenn wir dazu gezwungen werden.)«* Entschaffung: »Man kann erst zweifeln, wenn man Gewisses gelernt hat; wie man sich erst verrechnen kann, wenn man rechnen gelernt hat.«* Die Fortschritte der Zivilisation sind krasse Übertreibungen; eine Funktion der Sprache mit ihren eingebauten Verpflichtungen für das Akkretionsmodell der Geschichte. Scheibenförmige Erde: kugelförmige Erde. Es handelt sich um keinen hundertprozentigen Akkretionsfortschritt von eins nach zwei: Einhundert setzt neunundneunzig voraus und entschafft es. Die kugelförmige Erde setzt die scheibenförmige Erde voraus und entschafft sie. Das Unsichtbare setzt das Sichtbare voraus und entschafft es. Vorgänge setzen Materie voraus und entschaffen sie. Das relativistische Universum setzt das mechanistische voraus und entschafft es. »In gewissem Maße ist Fortschritt immer ein Transzendieren des Offensichtlichen.«* Entschaffung. Ist es einfach so, dass »Fortschritt in allen seinen Erscheinungsformen … Bewegung durch wechselnde Terminologien« ist?*

»Ein Niemandsland, oder besser gesagt ein signalfreies Gebiet, erstreckt sich zwischen Vergangenheit und Zukunft.«* Das Universum ist endlich: kein Raum-Zeit-Kontinuum. Eine Stimme aus der Vergangenheit? Ein Erlebnis nochmals durchleben? Nenne es nicht Erinnerung. Kann man sich überhaupt erinnern? »Ein Sehen in die Vergangenheit. Es zeigt uns eben *nicht* die Vergangenheit. So wenig wie unsere Sinne die Gegenwart. Man kann auch nicht sagen, sie teile uns die Vergangenheit mit.«*

Das Universum ist endlich: ein Entschaffungsprozess: die Überführung des Erschaffenen ins Unerschaffene. Entschaffung: der Übergang des Erschaffenen in eine menschengemachte Erfindung. Der Übergang von der Wirklichkeit zur Beschreibung.

Das Ende des Abfallsystems. Der Abfall: die Verallgemeinerungen früherer Zeitalter. Entschaffung: durch die Geschichte der Worte zu dringen. Wir dürfen die Existenz eines Dinges nur dann annehmen, wenn wir dazu gezwungen werden. »Ockhams Devise … besagt, daß unnötige Zeicheneinheiten nichts bedeuten.«*

Das Akkretionsprinzip: die vorherrschende Art der Menschen zu leben, ähnlich der altmodischen Vorstellung, sein Leben zu gestalten und es zu etwas bringen. Etwas beginnt an einem Punkt, durchläuft Stadien akkretiven Zuwachses der Zeit, des Raums, der Geschichte etc., um schließlich an einem anderen Punkt anzukommen. Universum: keine Akkretion, keine Akkumulation, keine Entwicklung, keine Kontinuität. Weder vorher noch nachher; weder dahinter noch darüber hinaus; weder hier noch dort; weder innen noch außen; weder von noch zu: keine Richtung; kein Dazwischen: keine Kommunikation.

Das Universum: ein Verb. Es existiert nicht in der Zeit, sondern ist die Zeit selbst, und nicht die Zeit der Vergangenheit, Gegenwart und Zukunft. In ihrer Aktivität undifferenzierte Zeit, nicht Daseinszeit. Das Universum: eine entschaffene Welt: »ein Augenblick in der Zeit, unter der Zeit, / Ein Augenblick, nicht zeitlos, sondern zeithaft, in dem was man Geschichte / nennt: der die Zeit durchschnitten und zweigeteilt hat, / ein Augenblick in der Zeit, doch nicht unter der Zeit, / Ein Augenblick in der Zeit, und doch wurde die Zeit erst erschaffen darin, / denn dieser Augenblick gab ihr den Sinn, ohne den die Zeit sich nicht / ereignet.«*

Umständlichkeit: die einzige Möglichkeit, die Einzigartigkeit der Erkenntnisse an gängige Gesetze anzupassen. Umständlichkeit: behindert von Wahrnehmung und von Wissen. Umständlichkeit: »Der Hauptvorteil des Vorgehens liegt darin, daß die Erfahrung nicht mit der lähmenden Repression des gesunden Menschenverstandes befragt wird.«*

Das Universum ist endlich: objektivierter Ausdruck der Aktivität: die Annahme von Positiv-Negativ-Abstraktionen besonders für die Subjekt-Prädikat-Aussage; die Annahme des Subjekt-Prädikat-Prozesses. Kein letztes Subjekt: Die Einheit ist einheitslos. »Wo du aufhörst / Und ich beginne / Oder, kurzum, alles andere / Verlasse Dich auf solche Gegensätze / Und keiner bleibt, die Trennlinie zu ziehen.«* Subjekt-Prädikat: verdingwortlicht. Das Dingwort: negiert. Syntax: durcheinander.

»Ein Substantiv ist ein Name von irgend etwas, also nachdem ein Ding benannt ist, schreibe darüber.«* Die größte Leistung der Wissenschaft besteht darin, dass sie niemals eine objektive Tatsache hervorgebracht, nie die Existenz eines Objekts bewiesen hat. Keine Substantive, keine Dingworte: keine Objekte, keine Menschen, keine Aussagen, nichts. Leben mit dem »Schrecken, daß es nichts mehr zu denken gibt«.*

Undifferenziertheit der Aktivität: Aktivität teilt man nicht auf. Keine Unterschiede; kein Dazwischen. »Ohne Beschreibung des Seins sein.«*

Es ist nicht möglich, weniger als einhundert Prozent aufmerksam zu sein. Es ist nicht möglich, weniger zu tun, als man tut. Universum: Verb. Tun: immer einhundert Prozent: das Tun des Tuns; das Tun des Nichttuns. Aktivität: immer einhundert Prozent: die Aktivität der Aktivität; die Aktivität der Nichtaktivität. Erfahrung: immer einhundert Prozent: die Erfahrung des Erfahrens; die Erfahrung des Nichterfahrens. Man kann nicht weniger tun, als man tut. Tun: vollständig, verbindlich, stets einhundert Prozent, ob das Augenmerk nun auf dem Teil oder dem Ganzen liegt, der Gesamtheit oder der Auswahl, die die Gesamtheit verschleiert. »Ich bin« ist Tun: Nenne es nicht Sein. »Ich bin nicht« ist Tun: Nenne es nicht Nichtexistenz. »Ich denke« ist Tun: Nenne es nicht Gedanke. Tun: »die ultimative Eleganz / herzustellen, zu konfektionieren, nicht zu trösten, / noch zu heiligen, sondern klare Vorschläge zu machen …«*

Undifferenzierte Aktivität. Nenne es nicht das Leben. Nenne es nicht den Menschen. Sage: »Götter und Mensch zerstört, das Recht / Auf Erkenntnis gesichert als Recht zu sein. / Wir werden hinter die Symbole gelangt sein, / Zu dem, was sie symbolisierten.«* Verwende eine eindeutige Sprache für objektive Beschreibungen: Grundlegende Gesetze der Physik werden allesamt in mathematischen Formeln ausgedrückt. »Das Wesentliche ist, daß alle Bilder, die die Wissenschaft jetzt von der Natur entwirft und die allein den Beobachtungstatsachen gerecht werden zu können scheinen, mathematische Bilder sind.«*

Die Beschreibung ist das Ding. Das Wichtigste ist das nächste Wort, das Was-gesagt-werden-wird. Kein Wort und doch eine andere Art von Wort: »eine Verfeinerung der Umgangssprache, die diese mit passenden Werkzeugen zur Darstellung von Beziehungen versieht, für welche die gewöhnliche Ausdrucksweise in Worten zu ungenau oder zu umständlich ist«.* Kein letztes Subjekt. »[E]ben durch das Vermeiden solcher Hinweise auf das bewußte Subjekt, mit denen die Umgangssprache so stark durchsetzt ist …, [dient] die Anwendung mathematischer Symbole insbesondere dazu …, die für eine objektive Beschreibung unentbehrliche Eindeutigkeit der Definitionen sicherzustellen.«*

Durchdringe die Geschichte der Worte. »Definitionen, Lichter, wirf sie fort / und sprich von dem, was du im Dunkel siehst. / Dass es dies hier ist oder jenes dort, / doch die verfaulten Namen, lass sie fort.«*

Universum: Verb. Die Verknüpfung des Systems von Beobachter und Beobachtetem. Das Tun von Mensch und Umwelt. Das Tun von »ich denke«. Universum: nicht Beobachter, nicht Mensch, nicht ich. Die Einheit ist einheitslos, ein Ausdruck undifferenzierter Aktivität. »Wir brauchen nicht mehr zu erörtern, ob Licht aus Stoffteilen oder Wellen besteht; wir wissen alles Wissenswerte darüber, wenn wir eine mathematische Formel gefunden haben, die genau sein Verhalten beschreibt, und wir können, je nachdem es uns gefällt und gerade paßt, es uns als Stoffteilchen oder Wellen vorstellen ... Es existiert in einer mathematischen Formel; diese und nichts anderes drückt die letzte Wirklichkeit aus.«*

»Unsere Aufgabe kann nur lauten, darauf hinzuarbeiten, Erfahrungen und Ansichten anderen mit Hilfe der Sprache mitzuteilen, wobei der praktische Nutzen jedes Wortes in einem komplementären Verhältnis zu den Bemühungen um deren strenge Definition steht.«* Diese Übung erläutert exakte Begriffe mit Hilfe der nichtexakten Sprache aus fadenscheinigen Begriffen und Verallgemeinerungen, die sich als Wahrheiten in die Sprache eingeschlichen haben. Eine andere Möglichkeit gibt es nicht. »Insbesondere gibt es keine genau formulierten axiomatischen Sicherheiten, auf die man sich stützen könnte. Uns steht noch nicht einmal die Sprache zur Verfügung, in der sie sich ausdrücken ließen. Das einzig mögliche Verfahren besteht darin, von sprachlichen Formulierungen auszugehen, die an und für sich mit der herkömmlichen Bedeutung ihrer Worte schlecht definiert und vielseitig sind.«* Heiße die Widersprüche und das Durcheinander willkommen …, wie du es auch mit Erfolg tätest.

Die Verknüpfung des Systems aus Beobachter und Beobachtetem ist begrenzt. Die Beobachtung, die Messung, ist irreversibel. Die reale Welt hat sich durch die Messung in die Nichtexistenz katapultiert. »Das Modell muss nicht das einer objektiven, statischen Welt um uns herum sein. Die Philosophen unserer Zeit können die Tatsache nicht unbeachtet lassen, dass die Interaktion zwischen dem Beobachter und dem Beobachteten begrenzt ist und nicht so klein gemacht werden kann wie gewünscht. Beobachten und Stören gehen unweigerlich miteinander einher, und die Welt um uns herum befindet sich in einem ständigen Fluss, weil wir sie beobachten.«*

»Man fordert, daß eine physikalische Größe nicht durch verbale Rückführung auf andere gebräuchliche Begriffe definiert werden soll, sondern durch Beschreibung der Operationen, die notwendig sind, sie zu schaffen oder zu messen.«* Das Universum stellt eine endliche, von uns unabhängige Entschaffung der Außenwelt dar; eine Entschaffung, die uns nicht unmittelbar zugänglich ist. Die Beschreibung ist das Ding. Die Beschreibung: eine mathematische Formel, der statistische Ausdruck einer Verknüpfung. »Die Formung von Modellen oder Bildern zur Erklärung mathematischer Formeln und Phänomene, die diese beschreiben, ist kein Schritt auf die Wirklichkeit zu, sondern ein Schritt von ihr weg.«* Das Universum ist endlich: kein Wort, und doch eine andere Art von Wort, und »[d]as Wort muss das Ding sein, das es darstellt«.*

Keine Dingwörter: »Es ist ganz wesentlich …, daß der Begriff eines wirklichen Einzelwesens als das unveränderte Subjekt der Veränderung vollständig aufgehoben wird.«* Die Einheit ist einheitslos. »Ein wirkliches Einzelwesen ist zugleich das erfahrene Subjekt und das Superjekt seiner Erfahrungen. Es ist Subjekt-Superjekt, und keine Hälfte dieser Beschreibung kann auch nur für einen Augenblick außer acht gelassen werden.«* Einheitslose Einheit: die Negation von eins. Einheitslose Einheit: die Operation, der statistische Ausdruck einer Verknüpfung, einer Aktivität. Einheitslose Einheit: »Der Dichter und sein Subjekt sind untrennbar.«* Es gibt kein letztes Subjekt. »Vor der Geburt des Zweifels, / Waren wir, du und ich, eins / Nun sind wir leider / Voneinander getrennt!«*

»Messen bedeutet Stören.«* »Früher haben wir uns vorgestellt, es gäbe ein wirkliches Universum, außerhalb von uns, das auch dann noch weiterexistierte, wenn wir es nicht mehr beobachteten.«* Die Negation des empirischen Konzepts früherer Beobachtung: »Wir können die wirkliche Welt niemals begreifen, indem wir uns ihrem Einfluß entziehen.«* Beobachten und Stören gehen unweigerlich miteinander einher: »Daher bricht, was die metaphysische Forschung angeht, die Methode zusammen, das Denken auf die strikte Systematisierung genauer Unterscheidungen festzunageln, die bereits durch frühere Beobachtungen bewirkt wurden.«* »Jede Beobachtung stört das beobachtete Stück Welt und vermittelt nur Kenntnisse über ein Universum, das schon Geschichte geworden ist.«* »Wir können uns nicht aus der Welt abstrahieren.«* Wir bilden mit ihr ein unzertrennliches Ganzes. Es gibt keine Schauspieler und Zuschauer, nur ein gemischtes Publikum. »Verwerfen Sie den Gedanken an eine wirkliche Welt ganz und gar.«* Das Interesse gilt »unsere[r] Beobachtung von der Natur ..., und nicht diese[r] Natur selbst.«*

Die Beschreibung ist das Ding. Entschaffung der idealisierten wirklichen Welt, der dinglichen Welt, der menschlichen Welt. »Experimente sind das einzige Element, das wirklich zählt.«* Die Verknüpfung von Beobachter und Beobachtetem, ein Ereignis: die Tatsache. »Aber die Atome und Elementarteilchen sind nicht ebenso wirklich. Sie bilden eher eine Welt von Tendenzen oder Möglichkeiten als eine von Dingen und Tatsachen.«* Physikalische Phänomene: keine aus Materie bestehenden Dinge. Verknüpfung: die Tatsache. »Man suche nur nichts hinter den Phänomenen: Sie selbst sind die Lehre.«* Physikalische Phänomene: Verknüpfung: die Tatsache. »Tatsachen in ihrer vollkommenen Trostlosigkeit zu begegnen, bedeutet für jeden Dichter eine durch und durch verwirrende Erfahrung. Die Wirklichkeit ist nicht das Ding, sondern ein Aspekt desselben.«*

Unnötige Einheiten in einer Sprache bedeuten nichts. Die unnötige Einheit: eine Erfindung. Die wirkliche Welt: eine Erfindung. Erfindung: eine Frage der Entschaffung. Erfindung: eine Frage der Realisierung, nicht der Intention. Wir dürfen die Existenz eines Dinges nur dann annehmen, wenn wir dazu gezwungen werden. »Wir nähern uns einer Gesellschaft / Ohne Gesellschaft.«* Erst durch die Entschaffung einer Entität werden wir zur Annahme ihrer Existenz gezwungen. Erfindung durch Entschaffung.

Begriffe sind die unpersönlichen Ergebnisse einer Epoche. Namen werden in begriffliche Übungen aufgenommen, um entweder den Leser zu beeindrucken oder um einen Begriff zu untermauern, der so schwach ist, dass er zur Tyrannisierung des Lesers eines Namens bedarf. »Die erste Idee war nicht unsere eigene.«* Kein einziger der Gedanken in dieser Übung ist originell. Es sind die Gedanken des Lesers, nicht des Autors. Es gibt keinen Autor. Kein einziger der Gedanken in dieser Übung ist originell.

Höchste Eleganz: eine Annahme formulieren, die Frage stellen. Keine Antworten. Keine Erklärungen. »Warum verlangst du Erklärungen? Wenn diese gegeben sind, wirst du ja doch wieder vor dem Ende stehen. Sie können dich nicht weiter führen, als du jetzt bist.«* Die Lösung: keine Erklärung: eine Beschreibung und das Wissen, wie man sie zu berücksichtigen hat.

Alles ist bereits erklärt worden. Nichts bleibt zu berücksichtigen. Die Erklärung kann nicht länger als Definition gelten. Die Frage: eine Beschreibung. Die Antwort: keine Erklärung, sondern eine Beschreibung und das Wissen, wie man sie zu berücksichtigen hat. Fragen oder sagen: Es gibt keinen Unterschied.

»Warum ist ein Widerspruch mehr zu fürchten, als eine Tautologie?«* In dieser Übung bedeutet Erfolg Durcheinander. Wissen ist tautologisch. »Wissen ist das was man weiß und wie kann man mehr wissen als man weiß.«* Entschaffung der Wirklichkeit: wie man sie kennt; wie man sie nicht kennt. Entschaffung der Wirklichkeit: Erfindung der Wirklichkeit.

Machen oder tun: Man kann nichts anderes tun, als zu tun. Jede Beobachtung zerstört das beobachtete Stück Universum und liefert daher bloß Wissen über ein Universum, das bereits vergangen und Geschichte geworden ist. Machen und Erschaffen: fadenscheinige Begriffe des empirischen Konzepts früherer Beobachtung. Machen und Erschaffen: Akkretionsfortschritt vom Nichts zum Gemachten, vom Nichts zum Erschaffenen, vom Nichts zum Ding. Machen und Erschaffen: eine wirkliche Welt, die sich unserem Einfluss entzieht. Man kann nichts anderes tun, als zu tun. Tun: tun. Nicht tun: tun. Machen und Erschaffen: tun. Nicht machen und nicht erschaffen: tun. Beobachten und Stören gehen unweigerlich miteinander einher, und weil wir die Welt um uns herum beobachten, ist sie in ständigem Fluss. Man kann nichts anderes tun, als zu tun.

Nichts kommt vor der Performance.

»Begriffe, die sich auf Unterscheidungen beziehen, die jenseits jeder möglichen Erfahrung liegen, haben keine physikalische Bedeutung und sollten eliminiert werden. Diesen Grundsatz sollte man auch auf die Idee des physikalischen Kontinuums anwenden.«* Keine augenblickliche Natur. »Man kann eine unendlich kleine Entfernung nicht messen …; wir sollten insbesondere die Unmöglichkeit betonen, ein Kontinuum in Raum und Zeit physikalisch zu definieren.«* Keine Akkretion. Es ist unmöglich, einen Gegenstand, Materie etc. zu einem bestimmten Zeitpunkt im Raum zu lokalisieren. Keine Bilder. Was zählt, sind Experimente und Messungen. »Die Ereignisse müssen also als die letzten objektiven Bausteine angesehen werden …«* Als eine »Analyse in Bezug auf Taten und Geschehnisse«.* Keine augenblickliche Natur. »›Die Natur ist so beschaffen, daß es unmöglich ist, absolute Bewegung durch irgendein Experiment zu bestimmen.‹«* Keine augenblickliche Natur: keine Bewegung; keine Veränderung; keine Entfernung, keine Geschwindigkeit; kein Kontinuum; keine Schöpfung; keine Gestalt; keine Richtung; kein Dort; kein Zuvor; keine Akkretion.

Keine augenblickliche Natur. »Was sich beschreiben läßt, das kann auch geschehen.«* Die Beschreibung ist das Ding. »Wo war es, als man erstmals von der Wahrheit hörte? Das der.«*

»Die Vergangenheit hätte ein andres Muster, höre auf, / nur ein Ablauf zu sein, / Oder gar ein Fortschritt.«* Keine akkretive Zeit: eine einzigartige Serialität schrittweisen kreativen Fortschritts. Physikalische Phänomene können im akkretiven Raum-Zeit-Kontinuum nicht dargestellt werden. Keine augenblickliche Natur: keine Bilder: keine Spiegel. »[K]eine anschauliche Beschreibung im gewohnten Sinne, sondern … Formulierung von Beziehungen zwischen Beobachtern …, die unter wohldefinierten Versuchsbedingungen gemacht wurden.«* Diese Beziehungen werden statistisch dargestellt. Ihr Ausdruck, eine Konsequenz der Verknüpfung von Beobachter und Beobachtetem, besteht unabhängig von Zeit und Ort, unabhängig von Entwicklung, unabhängig von Serialität.

Was zählt, sind Messungen und Experimente: nichtakkretive diskrete Energiewerte für diskrete Erfahrungszustände (S). Die Messung (S) zerstört das beobachtete Stück Universum. Beobachten und Stören gehen unweigerlich miteinander einher, und die »Welt um uns herum« ist in ständigem Fluss, weil wir sie beobachten. Keine akkretiven Erfahrungszustände: S2+S3+S4 etc. Messen bedeutet Stören. Jede Messung ist S1. Es gibt kein S2. Es kann keine Addition, keinen Vergleich, keine Schöpfung, keine Reproduktion, keinen Unterschied geben. Ein signalfreies Gebiet erstreckt sich zwischen Vergangenheit und Zukunft. »Eine Momentaufnahme aus dem Szenario einer Raupe sagt nichts über die Transformation in einen Schmetterling, die sich später ereignet.«* Signalfreies Gebiet: kein Unterschied. Keine akkretiven Erfahrungszustände.

Das Ende des Anfangs, des Ersten, des Letzten, des Davor oder Danach, des Dazwischen. Ein signalfreies Gebiet erstreckt sich zwischen Vergangenheit und Zukunft: Niemandsland.

Man braucht sich der Begriffe nicht bewusst zu sein, um sie zu leben. Wissen bedeutet keinen Unterschied: Messungen zählen. Wissen bedeutet keinen Unterschied: »Wissen bedeutet Messen.«*

Das Tun von »du tust«. Ich, du, er, sie – sie alle repräsentieren das Konzept des statischen, sich nicht verändernden Subjekts der Veränderung, das in einem Raum-Zeit-Kontinuum akkretive Erfahrungszustände durchläuft. Für dich gibt es nichts zu tun. »Ob ich Pfirsiche verzehr?«*

Ich: ein Dingwort. Ich bin: verdingwortlicht. Existenz ist Sein: verdingwortlicht. Sein oder nicht sein: verdingwortlicht. Das Universum als endlich: Negation des Dingworts: keine Dinge: nichts.

Verknüpfung: irreversibel: nicht austauschbar. »Kämst du hier vorbei, / Auf welchem Weg immer, von wo immer du ausgingst, / Zu welcher Tages- oder Jahreszeit immer, / Geschähe jeweils das Gleiche: du müsstest hintanstellen / Sinn und Begriff. Du bist nicht hier, um zu bewahrheiten, / Dich zu unterrichten, deiner Neugier zu frönen / Oder Bericht abzustatten.«*

Die Verknüpfung des Systems von Beobachter und Beobachtetem ist begrenzt: Der Beobachtungsprozess ist irreversibel. »Unsere erste erkenntnistheoretische Schlußfolgerung war, daß physikalisches Wissen seiner Natur nach Beobachtung ist, und zwar in dem Sinne, daß jeder einzelne Satz das Ergebnis einer tatsächlichen oder hypothetischen Beobachtung ist.«* »Die Untersuchung der Verknüpfung zwischen beobachtendem und beobachtetem System, zwischen Mensch und Physik, wird wahrscheinlich dazu führen, dass wir den Begriff des Werts korrigieren und ihn von dem der Knappheit trennen müssen.«* »Wert liegt in der Aktivität.«* Physikalische Phänomene: ein Verb. Wert findet sich nicht in der Knappheit von Menschen, Dingen, Gedanken etc. Physikalische Phänomene: die irreversible Verknüpfung: ein Verb. »Einzig die Endsumme zählt.«* Die Rechnung setzt in ihrem Ausdruck die Geschichte des Systems voraus. »Physikalisches Wissen besteht aus rein strukturellem Wissen, so daß wir nur die Struktur des Universums kennen, das es beschreibt ... Zum exakten Ausdruck von physikalischem Wissen ist eine mathematische Form wesentlich, weil das die einzige Möglichkeit ist, die uns erlaubt, ihre Aussagen auf strukturelles Wissen zu beschränken. Jeder Pfad zum Wissen von dem, was unter der Struktur liegt, ist dann durch ein undurchdringliches mathematisches Symbol versperrt.«*

Menschenwelt: Dinge, Gegenstände, Wissen, Gedanken. Universum: »Und sprich von dem, was du im Dunkel siehst. / Dass es dies hier ist oder jenes dort, / doch die verfaulten Namen, lass sie fort.«*

»Ich denke« oder »ich denke nicht«: synkategorematisch: können nicht als alleinstehende Begriffe verwendet werden. Man kann die endliche Irreversibilität der Verknüpfung nicht ignorieren. Es stimmt nicht, »daß uns erst das Finden zeigt, was wir gesucht, erst die Erfüllung des Wunsches, was wir gewünscht haben. Aber der Erwartete ist nicht die Erfüllung, sondern: daß er kommt. Der Fehler ist tief in unserer Sprache verankert.«* Das Universum ist endlich: gleichzeitig Subjekt und Prädikat der konventionellen Sprache. Das Wort, das gesagt werden muss, das nicht gesagt werden kann, nicht ein Wort und doch eine andere Art von Wort, »das verehrungswürdige und verfluchte Wort, das Leben und Tod zugleich ist«.* Das Universum ist endlich: »eine Form, das Wort zu sagen / und jedes versteckte Doppel in dem Wort.«*

Unser Wissen hat uns an diesen Ort gebracht: Nirgendwo. Unser Wissen hat eins bewiesen: nichts.

Es ist eine Frage des Durchdringens der Geschichte der Worte: die fadenscheinigen Konzepte und Verallgemeinerungen: die verfaulten Namen. »Ist es Frieden, / Sind es die Flitterwochen eines Philosophen, die man / auf dem Müll findet?«*

Das Erleben, nicht zu erleben: Auf der Ebene des Lebendigen ist alles austauschbar. Undifferenziertheit der Aktivität: Kommunikation ist ein Mythos: von hier nach dort, von dir zu mir, von damals zu jetzt, von nichts zu etwas. Auf der Ebene des Lebendigen ist alles austauschbar.

Erlebe eine Minute. Erlebe eine Stunde. Kann man eine Minute und eine Stunde gemeinsam, gleichzeitig und zur selben Zeit erleben? Das ist eine wichtige Frage, die man sich stellen sollte.

»Es ist sehr merkwürdig, daß die Vorgänge beim Denken uns so gut wie nie interessieren.«* Das Interesse gilt immer Gedanken ... nicht dem Denken selbst. »Ich verstehe« ... »Ich weiß« ... »Ich erkenne«: synkategorematisch: können nicht als alleinstehende Begriffe verwendet werden. Sie sind verdingwortlicht.

Auf der Ebene des Lebendigen ist alles austauschbar. »Kann ich mir den Eindruck der Bekanntschaft wegdenken, wo er ist; und hinzudenken, wo er nicht ist?«*

Unbestimmtheit: Austauschbarkeit. Wirkliche Ereignisse, die Verknüpfungen von Beobachter und Beobachtetem, sind »bis ins letzte bestimmt. Potentialität ist in Realisierung übergegangen. Sie sind vollständige und bestimmte Sachverhalte ohne jede Unentschiedenheit und bilden die Grundlage aller Verbindlichkeit.«* Die Konzepte der Menschenwelt, der Dingwelt: unbestimmt: austauschbar. Universum: bestimmt, nicht austauschbar, irreversibel.

Konzepte der Menschenwelt, der Dingwelt: synkategorematisch: können nicht als alleinstehende Begriffe verwendet werden. Sie sind verdingwortlicht. Solche Begriffe »bekunde[n] die Abgegrenztheit der jeweiligen Wirklichkeit. Aber ihre Natur zeigt an sich nicht, in welchen Einzelwesen [in welchen Verknüpfungstätigkeiten] diese Potentialität des Eintretens realisiert wird.«* Tatsächliche Einheit: Verknüpfung: nicht austauschbar: irreversibel. Synkategorematische Begriffe: entschaffen. Ich? Ich nicht.

Es bleibt nichts mehr zu sagen. »Jede absolute Aussage bezüglich der Eigenschaften der Welt um uns herum muss als ungerechtfertigte Extrapolation betrachtet werden. Nur eine auf Beobachtungen basierende und auf den Beobachtungsprozess bezogene Beschreibung kann Geltung beanspruchen.«* Wir sprechen nicht mehr von Zuständen; wir messen. Die Messoperation: irreversibel und unbestimmt.

Mit nichts leben. »Der nicht weniger kostet als alles.«* »Hat es Zweck, / Das Weltall aufzustören?«* Mit dem Wissen leben, dass Intention keinen Unterschied ausmacht. »Wenn die Karten in Vergessenheit geraten, / existiert man inmitten reiner Prinzipien. / Weder die Karten noch die Bäume oder die Luft / sind weiterhin Tatsachen. Es ist eine Flucht / ins Prinzip, in Meditation. / Man weiß endlich, was man denken soll, / und denkt ohne Bewusstsein, / unter den Eichen, vollkommen frei.«*

Es macht keinen Unterschied, weniger zu tun. Man kann nicht weniger als einhundert Prozent aufmerksam sein. In einer nichtdinglichen, nichtakkretiven Dimension gibt es keine Quantität. Zahlen zählen nicht, von eins bis zwei. Quantität: ein Witz. Das Tun von »du tust«, das Tun von »du tust nicht«: einhundert Prozent Aufmerksamkeit. Der Name, das Zeichen der Unterscheidung, die Beschreibung wird als Konsequenz der Verknüpfung angenommen: undifferenzierte Aktivität; die Verknüpfung: ein Verb. Man kann nicht weniger als einhundert Prozent aufmerksam sein: Nenne dies einen Teil, nenne das ein Ganzes; nenne dies Mensch, nenne das Gott; nenne dies endlich, nenne das unendlich; nenne dies die Gesamtheit, nenne das die Auswahl, die die Gesamtheit verschleiert: Die Beschreibung macht das Ding aus. Die Annahme der Beschreibung: eine Konsequenz der Verknüpfung: die Beobachtung: vollständig, bestimmt, einhundert Prozent. Man kann nicht weniger als einhundert Prozent aufmerksam sein. »Der Teil / ist gleich dem Ganzen.«* Auf der Ebene des Lebens ist alles austauschbar.

Bewusstsein spielt keine Rolle mehr. Wissen macht keinen Unterschied: Es gibt keine Außenwelt, die sich ändern ließe. Gibt es keine Unterschiede, kann es keine Kommunikation geben: hier und dort, davor und danach, jetzt und gleich. »Von« und »zu« sind keine nützlichen Begriffe mehr. Das Dazwischen ist nur noch lächerlich.

Gibt es keine Unterschiede, kann es keine Kommunikation geben: Punkt A und Punkt B. Keine Unterschiede: keine Kommunikation. Kein Signal, dass durch akkretiven Zuwachs von Raum und Zeit von Nachrichtenquelle A zu Nachrichtenziel B fortschreitet. Das aktuelle Wort ist nichtakkretiv, undifferenziert, mathematisch: statistischer Ausdruck einer Verknüpfung: nur die Endsumme zählt: keine Kommunikation.

Negation des Akkretionsprinzips. »Es gibt ein weit verbreitetes Mißverständnis, wonach ›Werden‹ für sein Fortschreiten ins Neue die Vorstellung einer einzigen Serialität voraussetzt. Das ist der klassische Begriff der ›Zeit‹, den die Philosophie vom gesunden Menschenverstand übernahm … Es gibt zwar ein Werden der Kontinuität, aber keine Kontinuität des Werdens.«* Keine Akkretion: Schalte Sinn und Verstand aus. »Dies ist der Frühling, / Doch nicht in der zeitlichen Ordnung … Wo ist der Sommer, der unvorstellbare / Nullpunkt-Sommer?«* Frühlingszeit: nicht in der zeitlichen Ordnung. Raumzeit: nicht in der zeitlichen Ordnung.

Kein Ende, kein Anfang. »Ganz gleich wie oft was geschah, geschehen war irgendwann wenn irgendeiner irgendetwas erzählte, gab es keine Wiederholung.«* Keine Wiederholung, keine Konkurrenz, keine Emulation, kein Vergleich, keine Bedeutung. Dieses konkurriert nicht mit jenem. Dieses kann keine Wiederholung von jenem sein.

Die Verknüpfung bringt endliche Interaktion hervor: Das Universum ist endlich. Keine Spiegel, keine Bilder. Messen bedeutet Stören. Das Messen: die Verknüpfung der Tatsachen der physikalischen Phänomene: ein statistischer Ausdruck, die Folge eines von Zeit und Raum unabhängigen Ereignisses. Es gibt keine Uhren, keine Spiegel, keinen Ort. Es gibt niemanden, mit dem man sprechen könnte. Leben bedeutet Vergessen. »Gib vor was Anstand taktvoll postuliert, / Tu als sei Status nur so konzipiert, / Und bau ein Wohngehäus aus Form, Phantomen Heimstatt, traut und warm. / Imaginiere mit mir, wunderbar, / (Vieldeutig wie was je ein Gott bringt dar) / Was ganz unmöglich da sein will / Lern aus Verzweiflung einen Stil.«*

Universum: »Bei physikalischen Experimenten hat man weder feste Körper noch kontinuierliche Oberflächen oder Linien gefunden, sondern nur diskontinuierliche Konstellationen von individuellen Ereignissen. Ein Aggregat von Endlichem ist endlich. Daher ist das Universum, wie es durch Erfahrung definiert wird, einschließlich des Physischen wie Metaphysischen, endlich.«*

Universum: eine Beschreibung. »Die gesamte Physik eine Tautologie; / Wenn man die Dinge mit den richtigen Tensoren beschreibt, / Werden alle Gesetzmäßigkeiten zu der Tatsache, dass sie mit ihnen beschrieben werden können; / Das ist die Annahme der Beschreibung.«* Annahme der Beschreibung: Entschaffung des Beschriebenen. Annahme der Beschreibung: der Zwang, die Existenz einer Entität anzunehmen. Wir erfinden durch Entschaffung die existierende Entität, erfinden die unnötige Entität in einer Sprache, erfinden die Geschichte, erfinden das Universum, erfinden die Wirklichkeit, erfinden die Natur etc. Die Entschaffung des Beschriebenen zwingt uns, die Beschreibung des Beschriebenen anzunehmen. Aktivität ist nicht differenzierbar: die Namen, die Zeichen der Unterscheidung, die Beschreibungen, sind eine Folge des Ereignisses, der Verknüpfung. »Physikalisches Wissen besteht aus rein strukturellem Wissen, so daß wir nur die Struktur des Universums kennen, das es beschreibt.«* Die Annahme der Beschreibung: Entschaffung des Beschriebenen. »Wir nähern uns einer Gesellschaft / Ohne Gesellschaft.«

»Die meisten Menschen empfinden die schließliche Auflösung des Weltalls als einen ebenso abscheulichen Gedanken wie die Auflösung ihrer eigenen Person, und das Streben des Menschen nach persönlicher Unsterblichkeit hat sein makroskopisches Gegenspiel in diesem noch trügerischen Streben nach einem unvergänglichen Weltall.«* Das Universum ist endlich: Jenseits davon gibt es nichts, nichts außerhalb seiner Endlichkeit. Nur die nächste Messung, das nächste Wort.

Keine Erklärung, keine Lösung, nur die Betrachtung der Frage. »Daher muß jede Aussage, die eine Tatsachenbehauptung aufstellt, in ihrer vollständigen Analyse den allgemeinen Charakter des Universums festlegen, der für diese Tatsache vorausgesetzt wird.«* Die Beschreibung, die Aussage: keine Definition, sondern ein Auftrag. »Und einen Auftrag verstehen, heißt: wissen, was man zu tun hat.«*

»Dieselbe Auffassung schließt natürlich ein, daß die mathematische Wahrheit über ein Phänomen in seiner mathematischen Beschreibung liegt ... Über die mathematische Formel hinaus gehen wir auf unsere eigene Gefahr; wir können ein Modell oder ein Bild finden, das uns zum Verständnis hilft, aber wir haben kein Recht, dies zu erwarten, und wenn wir kein solches Modell oder Bild finden, so bedeutet das nicht, daß unser Denken oder unser Wissen sich auf dem Holzweg befindet.«* Die Beschreibung ist das Ding. »Beschreibung ist Enthüllung. Sie ist nicht / Das Beschriebene und auch keine falsche Kopie.«* Nichts zu beschreiben.

Intention sorgt für Verlegenheit. »Jede Wendung, jeder Satz ist Ende und Anfang, / Jeder Vers ein Grabspruch, und jedwedes Tun / Ein Schritt auf den Richtblock zu …«* Hoffen? »Denn Hoffen wäre auf Falsches gerichtet …«* Liebe? »Denn Liebe wäre auf Falsches gerichtet …«* Enden oder anfangen: Intention sorgt für Verlegenheit.

Namen: Die Beschreibung ist das Ding; das Wort muss das Ding sein, das es darstellt; das Wichtigste ist das nächste Wort. Die Geschichte der Worte durchdringen: Definitionen, Lichter, wirf sie fort / und sprich von dem, was du im Dunkel siehst. / Dass es dies hier ist oder jenes dort, / doch die verfaulten Namen, lass sie fort: Geist, Raum, Zeit, Mensch, Ort, Leben, Tod, Welt.

Umständlichkeit: die einzige Möglichkeit, so viel Wirklichkeit zu ertragen. Tarnung: die einzige Möglichkeit, am kultivierten Rande des Bewusstseins zu bestehen. Durcheinander: die einzige Möglichkeit, mit den Belanglosigkeiten des Alltags zu leben.

Tatsache: Tun. Tatsache: Ereignisse. Keine augenblickliche Natur. Aktivität: die Tatsache. »Die erlesene Umgebung der Fakten. Das endgültige Gedicht wird ein Gedicht aus Fakten in der Sprache der Fakten sein. Aber es wird ein Gedicht aus vorher nicht erkannten Fakten sein.«*

Grinsende Fakten.

Vergeude Zeit: die Dingwelt, die Menschenwelt. Vergeude Zeit: die Belanglosigkeiten des Alltags: die Formen, die Aufmerksamkeit und Respekt erheischen. Vergeude Zeit: der Glaube, dass die Idealisierung über der Performance steht. Vergeude Zeit: »Läppisch die wüste, trübe Zeit / Die sich vor- und rückwärts ausdehnt.«* Vergeude Zeit: »Hügel, Wolke, Feld, Mauer … / Alles was wir anfassen, sehen, erdenken können … / Alles leblos: der Stein, der Staub / Die Erde selbst, die Menschen und der Mensch / Werden zu Dingen / Und können nicht anders.«* Das unglaubliche Etwas des Nichts.

Kein Unterschied: »Jeder kann sich für das interessieren was jeder tut aber macht das irgendeinen Unterschied, ist das alles wichtig. Jeder kann sich für das interessieren was jeder sagt, aber macht das irgendeinen Unterschied, ist es überhaupt wichtig.«*

»Vergiss, vergiss … Vergiss, was du vergisst. / Der Tagebucheintrag: Name, Umstand, Zeit und Ort / Lass los und lass die herumlungernden Toten tot sein.«* Das Universum ist endlich: zwingend, ohne jede Unentschiedenheit, bestimmt. »Wille, Zweifel, Wunsch, Gedanke … / Alles in uns: / Glaube, Hoffnung, Liebe …, / ist nichts, aber flüchtet sich ins DING, / Und du und ich gehorchen, wie es sein soll: / werden verdingwortlicht / zu nichts.«* Das unglaubliche Etwas des Nichts. »Dennoch fehlt es: / Aber was, weiß niemand.«*

Keine Akkretion: keine Hierarchie. »Eine Hierarchie der Formen der Elementarsätze kann es nicht geben. Nur was wir selbst konstruieren, können wir voraussehen.«* Lob und Tadel: kein hierarchisches Urteil. Du verdienst keinen Tadel: Was tut dieses jenem an. Menschen helfen Menschen nicht: Was tut dieses für jenes. Keine Akkretion: keine Hierarchie. Es kann keine Form höherer Intelligenz geben, sei sie nun außerirdisch, technologisch etc. Denn: »Was sich nicht ausdrücken läßt, das drücken wir nicht aus«,* was nicht bekannt sein kann, wissen wir nicht. Ein Urteil ist unmöglich. Keine Hierarchie: Die Natur ist niemals komplizierter, als wir es uns vorstellen.

Zahlen zählen nicht. »Eine Vielheit geht nur durch ihre einzelnen Elemente in den Prozeß ein.«* Zählen: vergleichen; eins für a, zwei für b: Es gibt keinen Vergleich. Keine Akkretion: keine Hierarchien. Die Beschreibung ist das Ding. Keine Vielheit: »Falsch klingt das alles im Akkord.«* Zahlen zählen nicht. »Ein Mann und ein Mädchen / sind eins. / Ein Mann und ein Mädchen und eine Amsel / sind eins.«* Zahlen zählen nicht. Keiner: einheitslose Einheit. Keine Zahl, sondern ein Auftrag. Kein Wort und doch eine andere Art von Wort.

Leben mit dem wachsenden Schrecken, dass es nichts mehr zu denken gibt. Das unglaubliche Etwas des Nichts. »› … nicht ein dauerndes Ding in wechselnden Zuständen, sondern ein System verknüpfter Ereignisse. Die alte Festigkeit ist dahin und mit ihr Eigenschaften, die dem Materialisten die Materie realer erscheinen ließen als flüchtige Gedanken.‹«* Das unglaubliche Etwas des Nichts. »Auf solche und ähnliche Gründe hin kann man … zu der Vermutung kommen, daß der Materie im gewöhnlichen Sinn, der Materie der festen Gegenstände und harten Teilchen, keine wirkliche Existenz zukommt, sondern nur eine scheinbare, die dadurch entsteht, daß wir nicht materielle Dinge – durch die Verzerrung unserer menschlichen Brille wahrgenommen – auf eine verworrene Art wahrnehmen.«*

»Es gibt aber keine Sprache, die anders als elliptisch wäre, so daß ein Überspringen der Phantasie hinzukommen muß, um ihre Bedeutung in ihrer Relevanz für die unmittelbare Erfahrung zu verstehen.«* Nutze die zur Verfügung stehende Sprache und ihre Mehrdeutigkeit. Sprache ist vollkommen elastisch. Man kann alles sagen. Heiße das Durcheinander willkommen, heiße die Widersprüche willkommen. Wissen und Weisheit sind Sackgassen. Man kann nicht mehr wissen, als man weiß. Frag den Narren.

Physikalisches Wissen: empirisch: jedes Element eine auf Beobachtungen aufbauende Behauptung. Die Verknüpfung von Beobachter und Beobachtetem: undifferenzierte Aktivität. Kein Unterschied. »Die Dualität der Wahl wird zur Singularität des Daseins; / das Streben nach Tugend, das Unbewusste der Voraussicht.«* Keine Unterschiede: Leben und Tod; wirklich und scheinbar; tatsächlich und hypothetisch; keine Unterschiede: wahr–falsch–vielleicht. Keine Unterschiede: Vergangenheit–Gegenwart–Zukunft; Anfang–Ende. Im Leben geht es nur um die Frage, womit man durchkommt.

Der einzige Ort, der bleibt, ist das Nirgendwo. »Welcher Weg welcher ist, ist nun nicht mehr die Frage, / Und rauf oder runter ist ebenso beliebig wie Kopf oder Zahl. / Ohne ein Zentrum oder eine Anziehungskraft zu ihrer Prüfung / verliert diese Dimension jede Richtung: / Steige auf! Falle! Versinken oder schwimmen? Alles müßige Theorie.«*

Auf die Gegenwart warten.

»Alles fällt auseinander.«* Kein anderer, gegen den man kämpfen müsste. Keine Sache, für die es sich zu kämpfen lohnte. Kein Ideal, für das man sich opfern könnte. »Du bist eine Metapher, und sie sind Lügen.«* Und ich … »Nicht meins dies Leben, das er in mir leben musste.«* Kein anderer. Kein Selbst, Niemandsland. »Schaust du in *dich*, um den Grimm in seinem Gesicht zu erkennen? Er ist dort so deutlich, wie in deiner eigenen Brust.«* Keiner: die Einheit ist einheitslos. »Man kämpft und erträgt für das, woran man glaubt, / Dem will man nahekommen. Ist man das am Ende / vielleicht nur selbst?«* Die Einheit ist einheitslos.

Versuche nicht, die Umstände außer Kraft zu setzen. Versuche dich an etwas Neuem. »Ein Volk ohne Geschichte / Ist nicht erlöst aus der Zeit, denn die Geschichte ist ein Muster / Aus zeitlosen Augenblicken.«* »Ahistorie: Amen.«*

»Alle Zeit auf ewig gegenwärtig ...«* Nicht in der Vergangenheit, nicht in der Gegenwart, nicht in der Zukunft. Nicht davor oder danach. Nicht jetzt, dann oder wann. Nicht irgendwo. »Hier und Dort sind einerlei. / Wir müssen still sein und dennoch vorangehen / Hinein in eine andere Inständigkeit / Zu neuer Vermählung, tieferer Vereinigung ...«*

»Das Gefüge in dem wir leben, ändert sich aber im wesentlichen ändert sich das was sich ereignet nicht. Innerlich ändern wir uns nicht aber unsere Emphase und der Augenblick in dem wir leben, ändern sich. Das heißt es ist niemals derselbe Augenblick es ist niemals dieselbe Emphase in irgendeinem sich folgenden Augenblick des Seins. Dann wirklich was ist Wiederholung. Es ist sehr interessant zu fragen und es ist eine sehr interessante Sache zu wissen.«* Was ist Wiederholung? Was ist Beharren? Was ist Wiederholung? Was ist Beharren? Was ist Wiederholung? Was ist Beharren?

»Die Theorie der Beschreibung ist am wichtigsten. / Sie ist die Theorie des Wortes für jene, / für die das Wort die Welt erschaffen hat.«* Beschreibung ist das Ding: kein Ding.

Durcheinander: Kein Ding=Ding. Das unglaubliche Etwas des Nichts.

Dinge steuern das Abfallsystem. Idealisierung oder Performance. »Läppisch die wüste, trübe Zeit, / Die sich vor- und rückwärts ausdehnt.«* Aktivität lässt sich nicht unterscheiden: kein Unterschied: kein Dazwischen. Die Performance zerstört die Idealisierung, den Gegenstand. Und doch … ist die Beschreibung der Performance selbst eine Idealisierung. Durcheinander: »Wir haben das Erlebnis gehabt, doch erfaßten wir den Sinn nicht, / Wenn man den Sinn erkundet, kehrt das Erlebnis wieder / In veränderter Form, jenseits von irgendwelchem Sinn.«*

Das Empirische: Aus Erfahrung stammendes Wissen. Das Epistemologische: Untersuchung der Methoden und Grenzen des Wissens. Am Schnittpunkt des Empirischen und des Epistemologischen: ein zweckmäßiges Nirgendwo, Irgendwann, Sein oder nicht Sein. Durcheinander: Das unglaubliche Etwas des Nichts. Jenseits des Realitätsprinzips befindet sich das Nichts: die Leere. Und jenseits der Leere: die Beschreibung der Leere: die Idealisierung, die Objektivierung des Nichts. Beschreibung des Nichts, des Ereignisses, des Prozesses, des Tuns, der Leere: ein Ding. Die Beschreibung ist das Ding. Am Schnittpunkt des Empirischen und des Epistemologischen: ein zweckmäßiges Nirgendwo, Irgendwann, Sein oder nicht Sein.

»Im besten Fall [ist] der Wert der Erkenntnis, / Die wir aus Erfahrung gewinnen, äußerst beschränkt. / Erkenntnis erlegt ein Muster auf und verfälscht, / Denn das Muster wird mit jedem Augenblick anders / Und jeder Augenblick bringt eine neue und erschütternde / Umwertung von allem, das wir gewesen.«* Am Schnittpunkt des Empirischen und des Epistemologischen: das erste Mal, das jederzeit meint; der erste Ort, der nirgendwo meint; das erste Ding, das nichts meint: die Tatsache mit einem Sinn für Humor.

Wahrheit ist heute eine Frage der Zweckmäßigkeit; Begriffe haben Geltung nur in ihrer Fähigkeit, ein Interesse aufrechtzuerhalten: einzig in ihrem Gebrauch. Die Austauschbarkeit der Begriffe ist eine Konsequenz der Fähigkeit des Nicht-Austauschs der Verknüpfungsoperation. Die Beschreibung der Verknüpfung der undifferenzierten Aktivität: ein Ding, ein Unterschied, eine Differenzierung. »Ein Instrument, das die Quelle abbildet / bringt nichts hervor, was sie auch vereitelt.«* Die Beschreibung ist das Ding: alles. Es geht hier nicht um unterschiedliche Wege, dasselbe auszudrücken. »Das Leben besteht / aus Vorstellungen übers Leben.«* Das nächste Wort zählt. »Dieses eine Wort mag ein Name sein, die Erlösung von einem Namen.«*

Die kugelförmige Erde folgte aus der scheibenförmigen. Bevor es die kugelförmige Erde gab, waren alle Gedanken und Konzepte Produkt der Empfindungen des Lebens auf einer scheibenförmigen Erde. Die Erde war bis zur Erschaffung der kugelförmigen Erde scheibenförmig, was nicht bedeutet, dass die Erde scheibenförmig gewesen wäre, bis uns klar wurde, dass sie die ganze Zeit schon kugelförmig gewesen war.

Die Information auf der vorigen Seite ist falsch. Die vorige Seite ist die scheibenförmige Erde. Diese Seite ist die kugelförmige. Die Erde ist kugelförmig: Diese Seite wird gerade gelesen. Sprechen wir davon, dass die scheibenförmige Erde die kugelförmige erzeugt hat, übernimmt die kugelförmige Erde das Sprechen. Sprechen wir von der vorigen Seite, übernimmt diese Seite das Sprechen. Die vorige Seite als Entität ist Erfindung dieser Seite, sie kann nur auf dieser Seite existieren, sie kann nur auf dieser Seite leben. Wir dürfen die Existenz eines Dinges nur dann annehmen, wenn wir dazu gezwungen werden. Ohne diese Seite könnte die vorige Seite nicht existieren. Die vorige Seite existiert nur durch Entschaffung; diese Seite entschafft die vorige. Entschaffung des Beschriebenen: Annahme der Beschreibung des Beschriebenen durch diese Seite: Diese Seite beschreibt die vorige. Entschaffung; diese Seite erfindet die vorige: die kugelförmige Erde erfindet die scheibenförmige.

»Nichts mehr zu erfinden, nichts mehr, um damit zu spielen.«* Keine Schöpfung, kein Werden, keine Behauptung, keine Intention: »So läuft die Show nicht, / Dieser unabhängige Geist / ohne eigenes Reich könnte genauso gut keiner sein.«* Keiner: »Nicht der gesteigerte Augenblick, / Losgelöst, frei von Gewesnem und Künftigem, / Sondern das ganze Leben, glühend in jedem Augenblick, / Und nicht nur das Leben eines Mannes allein, / Sondern das der ältesten Steine, die keiner mehr entziffert.«*

Und was immer du tun kannst ..., macht keinen Unterschied.
Und was immer du tun wirst ..., macht keinen Unterschied.
Und was immer du tun könntest, nicht tust, tun solltest ... und was immer du auch tust ..., macht keinen Unterschied.

Einheitslose Einheit: Schweigen. »Hör zu! Sind in den Windungen eines Tanzes / das Gesagte und das noch zu Sagende jemals in vollkommener Harmonie / und lauscht ein anderes Schweigen: höre abermals hin.«*

Aufhören: Niemals begonnen haben.

III

Wegwerfwelt

Die Welt ist ein Abfallsystem. Eine Deponie aus Kategorien und Namen.

Die Welt ist nicht mehr wichtig. Die Welt ist kein Ding mehr: die Beschreibung ist eins. Es ist eine Welt der Worte. Worte sind endlich: Sie bezeichnen nichts als sich selbst. »Das Wort muss das Ding sein, das es darstellt, sonst ist es ein Symbol. Es ist eine Frage der Identität.«* Es gibt keine Identität. Es gibt kein denkendes Subjekt: nur Worte. Nur Beschreibungen.

Kein denkendes Subjekt. Stattdessen das metaphysische Ich: kein Teil, sondern eine Grenze. Eine einheitslose Einheit. Die körperliche Erscheinungswelt gibt es nicht mehr. Wir sind kein Teil mehr von ihr. Wir waren nie ein Teil von ihr. Die Welt ist endlich: »Die dingliche Welt war nie wirklicher als die Worte, die ihre Gewohnheit waren.«* Eine endliche Welt der Worte: die Welt als Grenze der Sprache. »Die Grenzen meiner Sprache bedeuten die Grenzen meiner Welt.«* Kein Teil, sondern eine Grenze. »Keine Zuflucht mehr in der unendlichen Herrlichkeit«* des Universums, der materialisierten Wirklichkeit. Kein Teil, sondern Grenze. Vergiss diese Endlichkeit nie, diese Grenze des Menschen.

Endlicher Mensch: metaphysisches Ich: einheitslose Einheit: kein Teil, sondern eine Grenze. Das bedeutet, es gibt keine mögliche Unterscheidung zwischen Beobachter und Beobachtetem mehr. Das bedeutet, wir leben in einem neuen Ganzen, in einer neuen Wirklichkeit, die uns entgleitet und die in der Sprache ausgedrückt wird, aber nicht durch Sprache ausgedrückt werden kann. Das bedeutet: »Beobachten heißt vervollständigen, und wir sind zufrieden in einer Welt, die zu einem unmittelbaren Ganzen zusammenschrumpft, das wir nicht zu verstehen brauchen, vollständig ohne eine geheime Organisation dieses Ganzen im Geist.«*

»Derselbe alte Trugschluss bleibt bestehen – der Wunsch, eine Einheit in die Welt einzuführen. Die Mythologen machten aus ihr eine Frau oder einen Elefanten, die Wissenschaftler machten sich über die Mythologen lustig, verwandelten die Welt jedoch selbst in ein Abbild eines mechanischen Spielzeugs. Eine Analogie ist so gut wie jede andere.«*

Die »Worte der Welt [sind] das Leben der Welt«.* »Es ist die wahre Rede in ihrer wahren Einsamkeit: eine Natur, die erschaffen wird in dem, was sie sagt.«*

Die Welt ist nicht mehr wichtig: trifft zu. Die Welt ist das einzig Wichtige, über das man nachdenken sollte: trifft zu. Die Welt: eine verschlossene Türe. »Diese Welt ist die verschlossene Türe. Sie ist eine Schranke. Und zugleich ist sie der Durchgang.«*

Doch durch was? Die physikalische Welt: ein Artefakt, gemacht oder konstruiert aus einem elementaren Urstoff. Die physikalische Welt ist eine erschaffene Welt: ein aus Nichts erzeugtes Etwas. Die endliche Welt, die Welt der Worte: eine neue Welt, Nichtwelt: alles muss auf alles zurückgehen. Die Beschreibung ist das Ding: Die Welt wird in dem erschaffen, was sie sagt. Erschaffen: also zerstört. Die physikalische Welt ist bedeutungslos: »Übertrage das Physikalische auf die Sprache.«*

Der endliche Mensch: »Er entsorgt die Welt in Kategorien.«* Ein Abfallsystem: »Es ist unmöglich, mich ihrer zu entledigen, ohne sie zu nennen ..., was ich nicht aus den Augen verlieren darf.«* Daher entleert jeder Name, jede Definition und jede Kategorie die Welt, während sie die Welt erschaffen. Ein Name, der gebiert und Leben schenkt, während er zur selben Zeit Trennung und Tod mit sich bringt. Die Welt ist ein Abfallsystem des Unwirklichen: nichts als das Unwirkliche bleibt. Nur um den Dingen Namen zu geben.

Der Tod der Welt: »[J]etzt, wo die Worte, durch ihren Sinn vereist, wie Hagel auf mich herunterprasseln und wo auch die … Welt abstirbt? Ich weiß von ihr, was die Worte … von ihr wissen.«*

Der alten Worte müde, der tröstenden Worte müde, gelangweilt von den alten Beschreibungen. Alle Kategorien sind Pseudokategorien. Alle Kategorien und Konzepte sind Abfall. Magie, Mythos, Religion, Kunst …, Ideologie, Wissenschaft, Literatur: tröstende Begriffe. Es gibt keine Möglichkeit mehr für einen objektiven Halt außerhalb der Sprache oder des Denkens. »Bedeutung und Notwendigkeit lebten nur in den sprachlichen Praktiken, die sie verkörpern.«*

Also kann einer »existenten Welt« keine Bedeutung zugeschrieben werden. »Aber die Welt ist weder sinnvoll noch absurd. Ganz einfach: sie ist. Jedenfalls ist das ihr bemerkenswertestes Zeichen. Und plötzlich stößt uns diese Evidenz mit einer Kraft, gegen die wir ohnmächtig werden. Auf einmal bricht die schöne Konstruktion zusammen …«* Und die aus dem Wort geborene Welt geht zurück zum Wort.

»Das Universum ist kein sehr großer, sich ausdehnender Ballon, in dessen Inneren in unterschiedlichen Abständen galaktische Glühlämpchen angebracht wären.«* $E=mc^2$ hat bewiesen, dass »das Universum keine gleichzeitige Ansammlung von Dingen darstellt. Das Universum ist nicht einmal *da* – tatsächlich enthüllt die Erfindung dieses Konzepts die hinter einer Fassade der Allwissenheit verborgene Angst der Menschen.«* Das Universum: die umfassendste Verallgemeinerung der Welt. Das Universum ist nicht einfach *da*: es i*st*. Es ist nicht ein oder mehrere Dinge: *es ist*. »Nicht *wie* die Welt ist, ist das Mystische, sondern *daß* sie ist.«*

Wir wurden um unsere tröstenden Worte, um unsere tröstliche Welt gebracht. Man hat uns verneint, alles wurde verneint. Die Dinge haben keinerlei Bedeutung mehr. Die Dinge existieren nicht mehr. Die Möglichkeit eines Universums psychologischer, sozialer und funktioneller Bedeutung gibt es nicht mehr. Die Möglichkeit, eine neue objektive Welt aufzubauen, gibt es nicht mehr, obwohl sie fester und unmittelbarer wäre. Die Möglichkeit einer einzigen Welt, einer ganzen Welt, einer vereinten Welt gibt es nicht mehr.

Die Einheit ist einheitslos: Der Mensch ist tot. Für den Menschen ist das ein beängstigendes Konzept. Ausgesprochen beängstigend. Wir versuchten, die Wirklichkeit in ein System aus Raum und Zeit zu zwängen, so wie die Menschen in alten Zeiten versuchten, die Wirklichkeit in eines aus Gefühlen einzuordnen. Es funktioniert nicht. Man schaue sich einmal die Erde an, wie man sie vom Mond aus sieht: Tag und Nacht zur selben Zeit: alle Zeiten zur selben Zeit: ganz gleich, welche Zeit. Die Zeiten haben sich geändert.

»Alle sprechen davon, die Erde sei kugelförmig, aber wer glaubt das eigentlich? Bei einer Kugel liegt es in der Natur der Sache, dass man letztlich wieder am selben Ort ankommt – man kann nirgendwo hin, es gibt keine Unendlichkeit. Nicht Verdichtung, sondern Verdichtung des Geists. Wir alle durchleben gerade einen unserer schrecklichsten Albträume: Wir sind in einem Raum eingesperrt, und die Decke und die Wände kommen auf uns zu. Alles, was wir zu verehren gelernt haben – die unbegrenzte Kraft des Menschen, die stets gebende Natur der Mutter Erde –, all diese grenzenlosen Möglichkeiten scheinen plötzlich weniger grenzenlos zu sein. Tatsächlich bewegt sich der endlose Horizont äußerst schnell auf uns zu.«*

Wir können nicht einmal mehr von der Erde sprechen: der Ort: Ein Klumpen Dreck, der sich draußen im Weltall um sich selbst dreht: Draußen? Die Welt dreht sich immer noch, aber in meinem Kopf. Es geschieht in meinem Kopf. Ich tue alles in meinem Kopf. Es ist eine endliche Welt der Worte. »Wo ist diese Welt, und was weiß ich von ihr! … Wo fasse ich sie? Wo glaube ich sie? Wo gebe ich mich ganz an sie? … Hier! oder nirgends.«*

Worte bezeichnen nichts als ihre eigene Wirklichkeit. Worte erschaffen das Universum nicht aus dem Nichts, sondern aus dem Alles. Alle Möglichkeiten existieren in allen: »Die gesamte Geschichte der Genesis bis zur Apokalypse in allen Ereignissen, in allen Metamorphosen. Daher ist es wichtig, ständig den Gegenstand zu wechseln. Der Gegenstand ändert sich vor unseren Augen.«*

Was ist: ist etwas anderes. Der endliche Mensch: Er hat kein Interesse an dem, was existiert. Er hat keine Zeit für das, was ist. Kein Anfang, kein Ende. Er lebt ohne Leben: die Geschichte des Lebens. Es ist vorbei: Es hat nie begonnen. Es ist kein körperlicher Tod, kein körperliches Ende. Es ist einfach nur dies: »Erzählen im eigentlichen Sinne des Wortes ist unmöglich geworden.«* Es ist eine Welt der Worte: etwas auszusprechen bedeutet, es zu erfinden … »Sprechen ist Erfinden … Man erfindet nichts.«* »Das Sprechen tut es.«*

Jenseits der Welt: eine Welt der Worte ohne Jenseits. Keine seelischen Mauern des Ich. Keine nicht kommunizierbaren Massen des Wir. Eine endliche Welt der Worte: ein Gefühl von Grenze, eine Grenze, die Materie nicht mit Energie versorgt, sondern sie durchdringt, sie auflöst, und so Traum und Wirklichkeit, Leben und Tod erschafft. Eine endliche Welt der Worte: Man weiß nicht zu sagen, *wo* das Subjekt ist, man weiß nicht zu sagen, *was* das Subjekt ist.

Verwirf die Welt. Das metaphysische Ich stattdessen: kein Teil, sondern eine Grenze. Verwirf die Welt. Verwirf den Menschen. Bleibe dem Konzept einer Grenze treu. Die neue begrenzte Sicht des Menschen: den Humanismus verwerfen (die Doktrin, dass der Mensch das Maß ist). Eine vollständige Anthropomorphisierung der Welt, ob nun Pantheismus, Idealismus oder Rationalismus. Verwirf den Menschen. Verwirf die Welt. Verwirf das denkende Subjekt zugunsten der Grenze, der Grenze der Sprache, einer Welt, die erschaffen wird in dem, was sie sagt. »[I]ch bin in Worten, ich bin aus Worten gemacht, aus Worten der anderen …; ich bin all diese Worte, all diese Fremden.«*

Der Mensch ist nicht mehr notwendig. Und du auch nicht. Der Mensch ist tot: Er hat sich vollständig seiner selbst und sogar des Nichts beraubt. In der Absurdität seines Lebens kann er nirgendwohin. Jeder neue Stil, jedes neue Leben, jede neue Welt ist nichts als ein Gott, wo Götter keine Geltung mehr haben. »Der so gefundene Gott ist nur ein Wort, das aus dem Wort geboren ist und zum Wort zurückkehrt. Denn die Antwort, die wir uns geben, ist mit Sicherheit niemals etwas anderes als die Frage selbst.«*

Verwirf die Welt als Einheit. Es gibt keine Erscheinungswelt als äußeren Bezugspunkt, als äußeren Halt. Zwischen diesen illusorischen Punkten ist keine Kommunikation möglich. Kommunikation ist unmöglich: »Hinfort vor allem annehmen, daß das Gesagte und das Gehörte gleichen Ursprungs seien.«* Und es ist kein erfinderischer Geist, kein denkendes Subjekt. Stattdessen das metaphysische Ich: kein Teil, sondern eine Grenze. Ich: Ich tue alles in meinem Kopf: welchem Kopf?

Die Welt: »ein Märchen ist's, erzählt / Von einem Dummkopf, voller Klang und Wut, / Das nichts bedeutet.«* Sie weist auf nichts anderes hin, als dass sie ist. Sie ist keine Metapher. Sie ist nichts, woran man glauben kann. In dem Augenblick, in dem man sie aus seinem Kopf lässt, ist sie tot: ist sie real.

Verwirf das Leben »in beliebig vielen ›Welten‹ oder in beliebig vielen ›Universen‹ ... [oder in] wenige[r] geringfügige[n] Wahnvorstellungen ... wie ›Vergangenheit‹ und ›Gegenwart‹ und ›Zukunft‹«.* Alles wird verneint. Endlicher Mensch in einer endlichen Welt. Oder: endlicher Mensch *als* endliche Welt.

Die Welt ist unverständlich. »Es ist unmöglich, alles unter einem großen Begriff wie ›Gott‹ oder ›Wahrheit‹ oder anderen Verbalismen oder in der kranken symbolischen Sprache zusammenzufassen.«* All diese Worte sind tröstende Worte. Die Welt ist unverständlich. Es gibt nicht nur eine Möglichkeit, nicht nur eine. Die Welt ist unverständlich: Die Welt ist unser Verstand. »Hier nun vergessen wir einander und uns selbst. / Wir fühlen die Dunkelheit einer Ordnung, ein Ganzes, / ein Wissen, welches das Rendezvous auf den Weg brachte. / Innerhalb seiner vitalen Grenzen, im Geist.«*

Jede Definition entleert die Welt, während sie sie erschafft. Entleert sie von allem Leben. Jede Definition der Welt fixiert sie. Ist sie fixiert, ist sie tot. Nur am Namen erkennen wir, was tot ist. Nur durch eine Kategorie verstehen wir das Unwirkliche. Namen und Kategorien, Namen und Definitionen: tröstende Worte. »Und dennoch hat sich nichts verändert, es sei denn / das Unwirkliche, so als wäre alles gleich geblieben.«* Wegwerfwelt: tröstende Worte: Es ist unmöglich, sie und ihre Mechanismen loszuwerden, ohne sie zu nennen, das darf man nicht aus den Augen verlieren.

In einer Welt ohne Bedeutung, in einer Welt, wo psychologische, soziale und funktionelle Lösungen unmöglich sind, in einer Welt, wo sich das Leben in der Sprache versteckt …, ist es das Schicksal des Autors, nichts, aber auch gar nichts zu sagen zu haben. Das Buch ist eine Lüge, die Worte haben keine Urheber. Um in dieser Welt jenseits der Welt zu leben, einer Welt der Worte ohne Jenseits, schreibt der Autor nicht über die Welt. Jeder Versuch dieser Art ist bloß eine weitere Fiktion in einer Welt der Fiktionen. Es muss das Ziel des Buches sein, Subtilität und Komplexität anzuziehen. Auf der anderen Seite ist dies kein Buch, es hat mit Büchern oder mit Literatur nichts zu tun. Man kann es nicht lesen: Es ist eine Performance. Eine Performance ohne einen Darsteller. Der Autor verfolgt bezüglich ihrer Bedeutung keinerlei Absichten.

»Sämtliche Anschauungen, die unser Leben trugen, sind erschüttert. Die Wissenschaften führen den wilden Reigen an.«* Wissen ist mittlerweile vorübergehender Natur. Das Wirkliche lässt sich nicht mehr eindeutig abstecken. »Die Welt des Wirklichen kennt keine festliegenden Bezugspunkte mehr. Der Ort, die Zeit, die Materie lassen Freiheiten zu, von denen man noch jüngst nichts ahnte … Der gesunde Menschenverstand … wird nur noch von den Unwissenden berufen. Der Beweiswert des durchschnittlich Einsichtigen ist auf Null abgesunken … Was immer und überall den Glauben aller fand oder gefunden hat, scheint nunmehr nicht mehr viel Gewicht zu haben.«* Wissen ist mittlerweile vorübergehender Natur: etwas, das man vergessen kann.

Wenn Wissen den Raum betritt, vergiss es. Keine der Kategorien funktioniert; alle Erklärungen sind falsch. Beschreibung oder Erklärung: Erklärung ist immer falsch. Es ist eine Welt der Worte, der Beschreibungen, und »wenn die Beschreibung ihr Ende erreicht, merkt man, daß sie hinter sich nichts hat aufrecht stehen lassen: Sie hat sich in einer doppelten Bewegung der Erschaffung und des Auslöschens vollzogen«.*

Wissen: Der Ausdruck »alles wissen« ist das Komplement zum Ausdruck »Universum«. Aber alles zu wissen umfasst auch das Wissen, dass es das Universum gar nicht gibt. Das Universum ist *der* große Betrug. Unsere größtmögliche Verallgemeinerung über das Wissen und die Welt hat sich in einen metaphysischen Witz aufgelöst.

Das Universum ist *der* große Betrug. Physikalische Theorie ist keine »Wirklichkeit« mehr. Wir sind verwirrt, »seit man nun nicht mehr über die Hyper-Phänomene spekuliert, die den direkt beobachtbaren ähnlich sein sollten, sondern über ›Dinge‹, die keinerlei Ähnlichkeit mit den uns vertrauten Dingen aufweisen und von denen wir nur Signale empfangen, die wir entsprechend unserem Können interpretieren; andererseits erweisen sich unsere Sprache und somit unsere Logik, unsere Begriffe … als fehlerhaft; dieses ganze intellektuelle Material schafft nicht den Weg in den Kern eines Atoms; alles ist hier ohne Beispiel, ohne Gestalt. Diskutierbare Wahrscheinlichkeiten ersetzen die klar begrenzten und isolierten Fakten, und die grundlegende Unterscheidung zwischen der Beobachtung und ihrem Gegenstand ist unverständlich geworden.«*

Was in aller Welt ist geschehen? »Es ist die Tatsache, daß unsere Mittel der Forschung und des Handelns nunmehr unsere Mittel der Darstellung und des Verstehens weit hinter sich zurücklassen. Das ist das ungeheure neue Faktum, das aus all jenen neuen Fakten hervortritt. Dieses hier ist positiv transzendent.«*

»Die sich windenden Tatsachen übersteigen den schuppigen Verstand.«* Dieses neue Faktum ist positiv transzendent. Aber in der neuen Welt, Nichtwelt dieses neuen Faktums, kann es keine Transzendenz geben. Die Welt ist endlich: Sie passt nicht in die Terminologien und Einschränkungen des humanistischen Bewusstseins. Dort kann sie nur als ein Mangel gelten, als eine Negation der Begriffe und Kategorien, die den westlichen Menschen prägen. Sie lässt sich nicht erklären. Sie lässt sich nicht definieren. Sie ist aller Dogmen des Rationalismus und Humanismus beraubt worden. Vergiss sie.

Niemand ist mein Freund. Ich interessiere mich nicht für die Conditio humana. Kein Interesse an dir, deinen Gedanken, deinen Worten. Kein Interesse an deinen Meinungen.

Glaub' es nicht. Glaub' nichts von dem, was ich sage. Es gibt nichts zu sagen. Ich habe nichts zu sagen. Es gibt nichts zu bedenken.

Wegwerfwelt: rätselhafte Welt. Erkenntnistheoretische Rätsel: »Die Tatsachen der Untersuchung lösen sich in der Wirklichkeit des Untersuchenden auf, wodurch beides noch weiter in Zweifel gezogen wird.«* Die Welt ist ein Abfallsystem untergegangener Erkenntnistheorien.

Eins ist der große Signifikant: Schöpfer aller tröstenden Worte: Gott, Wahrheit, Menschheit, Schriftsteller etc. Eins ist obsolet. Wir können uns nicht mehr mit eindimensionalen Definitionen beschäftigen. Daraus folgt jedoch nicht, dass es mehrdimensionale Definitionen gäbe. Signifikation gibt es nicht. Eins bezeichnet nicht. Eins verschleiert. Es gibt keine Identität jenseits der Begriffe, die sie darstellen. Es gibt keine Identität: Worte zählen. Man darf nicht zulassen, dass die Eins einem in die Quere kommt.

Es kann keine psychologischen, sozialen oder funktionellen Lösungen für all das geben. Wir müssen zurück zur Quelle. Aber es gibt keine Quelle. Man kann die Quelle, die *eine* Wirklichkeit, nicht finden. Es gibt keine Quelle. Es gibt keine Antwort.

»Ich bitte dich, trete dein Leben an. / Ich bitte dich, lerne ›ich‹ sagen / Wenn ich dir Fragen stelle; / Denn du bist kein Glied, sondern ein Ganzes, / Kein Bestandteil, sondern ein Wesen.«*

Ein Sprung über die seelischen Mauern des Menschen. Lass den Körper: das physiologisierte Verständnis der Wahrnehmung. Meditiere über der verfaulenden Leiche. Die Entdeckung der privaten, individuellen Gestalt: Danke Gott für die Namen des Körpers.

Die persönliche seelische Mauer durchbrechen. Ich bin von Sinnen. »Die Leben, die sie im Geiste lebten, sind zu Ende. / Nie waren sie ... / waren nicht und sind nicht. Es ist nicht zu glauben.«* Ich bin von Sinnen. Ich bin ohne individuelle Seele. »Er war kein Mensch und doch nichts anderes. / Wenn im Geiste, verschwand er und trieb den Geist dort / an seine eignen Grenzen wie etwas Tragisches / ohne Existenz, das überall existiert.«*

Die Option, sich seiner selbst bewusst zu sein, ist nicht genug: Die Option, sich seiner selbst bewusst zu sein, ist zu viel. Es gibt kein denkendes Subjekt. Also ist es keine Frage des Denkens. Es ist keine Frage des Denkens, sondern dessen, was die Intelligenz des Denkens ausmacht. Über die Intelligenz muss ich nachdenken.

Die Beschreibung: »Früher erhob sie den Anspruch, eine schon vorher existierende Wirklichkeit zu reproduzieren; jetzt bekräftigt sie ihre eigene schöpferische Funktion. Und schließlich zeigte sie früher Dinge, während sie jetzt diese zu zerstören scheint, als ob ihre Besessenheit, von ihnen zu sprechen, nur zum Ziel hätte, die Linien zu verwischen, sie unverständlich zu machen oder sie gar vollkommen zum Verschwinden zu bringen.«* Der Mensch ist tot: Aber dem Humanisten, dem modernen, von liberalen Vorstellungen und Konventionen geprägten Menschen, wird es vollkommen unmöglich sein, diese unerbittliche Einstellung der Endlichkeit nachzuvollziehen.

Die Welt ist nicht gemacht, sondern ausgedacht. Die Welt wurde erschaffen, und erschaffene Dinge können nicht länger als Mittler betrachtet werden, die zu einer Unendlichkeit anderer Dinge führen. Sie sind tot: Sie sind ihre eigene Fiktion, sie beginnen und enden in sich selbst, leben und sterben in sich selbst. Erschaffene Dinge sind tot. Dein Leben ist eine Lüge. Deine Welt ist eine Lüge. Für Fiktion besteht in der Welt kein Bedarf: Die Welt ist die einzige Fiktion.

Individualität ist nicht die einzige Möglichkeit. Das Individuum gehört zu den Problemen unserer Zeit. Ebenso die Masse der Menschen. Was soll man mit der Menge, was soll man mit Quantität anstellen? Sie sind nichts, angefangen bei eins. In einer endlichen Welt zählen Zahlen nicht: Worte zählen. Es gibt keine Addition, keine Akkretion, keine unendliche Leistung. Nichts und alles, keiner und jeder: Der Mensch ist tot. »Die Masse ist nichts. Die Zahl der Menschen in einer Menschenmasse ist nichts. Die Masse ist nicht größer als der einzelne Mensch darin.«*

Endlicher Mensch: endliche Intelligenz: Kontrolle. Nicht in der Kontrolle, sondern als Kontrolle, als Wirklichkeit, als Intelligenz. Endliche Intelligenz: Die Masse ist nicht größer als der einzelne Mensch darin. Erwarte von der Masse kein Leben. Erwarte vom Volk keine Stimme.

Das Leben ist unausdrücklich. Das Leben ist unentschuldbar.

Es wird viel schwieriger, zu leben. Es wird viel leichter, die Feststellung zu akzeptieren: »Es ist eine Illusion zu glauben, dass wir jemals am Leben waren.«* Das Leben ist ein Wissen, nicht Existenz. Leben heißt Abfall entsorgen: Namen und Kategorien. Benenne etwas, und es ist tot. Dann lebst du in diesen Namen und durch diese Namen. Lebst du in diesen Namen und durch diese Namen, lebst du in der Welt.

Es ist nicht länger möglich, eine Geschichte zu erzählen: Das Leben ist eine Geschichte. Es ist eine Geschichte, eine erzählerische Aneinanderreihung von Bildern. Eine Aneinanderreihung zeitloser Tableaus, eine endlos fortlaufende Aneinanderreihung von Jetztzuständen. Aber das kann nicht sein. Ist es auch nicht. »Ein *Bild* hielt uns gefangen. Und heraus konnten wir nicht, denn es lag in unsrer Sprache, und sie schien es uns nur unerbittlich zu wiederholen.«* Die Welt ist endlich: Das heißt, »sie« ist nicht. Wir sind frei von den Bildern, und die im Geiste gelebten Leben sind am Ende. Worte zählen.

Ich verliere den Verstand. Ich versuche, mich an meinem Körper, an meinem Leben festzuhalten. Es ist eine entsetzliche Erfahrung.

»Wir hatten geglaubt, mit [der Welt] fertigzuwerden, indem wir ihr einen Sinn beimaßen«, aber »die Welt verlor dadurch nur nach und nach jegliches Leben.«* Der Mensch ist tot. Zugrundegehen ist nicht genug. Man muss unverständlich, fast lächerlich werden.

»Kein Zeichen des Lebens, sondern das Leben selbst, die Präsenz des Intelligiblen in dem, was als dessen Symbol geschaffen worden ist.«* Das Leben ist ein Wissen, keine Existenz. Das Leben wird nicht gelebt, es wird gewusst. Gewusst: nicht erlebt. Stell dir vor, du hättest ein Erlebnis.

Wegwerfwelt. Eine Wirklichkeit der »›Entschaffung‹: Erschaffenes hinüberführen in das Unerschaffene.«* »Die moderne Wirklichkeit ist eine Wirklichkeit der Entschaffung, in der unsere Offenbarungen keine religiösen Offenbarungen sind, sondern kostbare Omen unserer eigenen Kräfte.«*

Etwas Erschaffenes ins Unerschaffene zu überführen: keine Handlung, sondern eine Realisierung. Alle erschaffenen Dinge sind tote Dinge. Sie gehören zur Welt. »Wir nehmen teil an der Erschaffung der Welt, indem wir uns selbst entschaffen«,* indem wir die Welt mit den toten Bildern der Menschheit bevölkern.

Die erschaffene Welt ist eine Welt des Abfalls, eine Welt des Lebens. Und Leben ist die Aussonderung dessen, was tot ist. Wir geben Dingen Namen, die nicht benannt werden können: Wir erschaffen das Leben, wir erschaffen den Tod. Schöpfung: das Abfallsystem. »Leben ist die Aussonderung dessen, was tot ist.«*

All diese Dinge. All diese Menschen. All diese Orte. All dieser Abfall, dieser Müll: Das bin ich. »Es hat nie jemanden gegeben, es hat nie etwas gegeben, niemanden außer mir, nichts außer mir, zu mir über mich sprechend.«* »Wenn ich träume und mich in unwiderruflichen Erfindungen ergehe, bin ich dann nicht … die Natur?«*

Verzichte auf die Idee der Natur: eine kreative Kraft, die aus nichts etwas erschafft. Die Natur besteht aus einer vom Menschen gemachten Landschaft. Der Mensch ist tot. Die Einheit ist einheitslos. Es gibt keine Kontinuität, keine Akkretion, keinen schrittweisen seriellen Fortschritt, keine Tiefe. Es gibt keine Natur. Es hat nie jemanden außer mir gegeben, zu mir über mich sprechend. Keine Natur: bloß eine Natur, die erschaffen wird in dem, was sie sagt.

Gib dich auf. Der Mensch ist tot. Es gibt keine Natur, nur »den Sturz in den Naturzustand. Der Geist, der menschliche Wesenskern, verbirgt sich tief im natürlichen Objekt: ›projiziert‹ … der Tod der Götter und die Geburt der Dichtkunst.«* Eine Natur, die erschaffen wird in dem, was sie sagt.

»Jedes Kraut und jeder Baum, Berg, Hügel, Erde und Meer, Wolke, Meteor und Stern sind Menschen, aus der Ferne gesehen.«* Es gibt keinen äußeren Halt in der Wirklichkeit. Die Einheit ist einheitslos: nicht nur ein Rivale der objektiven Wirklichkeit. Es gibt keine wirkliche Welt: Sie ist eine Illusion. Die Einheit ist einheitslos. Das ist die ganze Wahrheit, die nur anhand ihres Gegensatzes zur Illusion der wirklichen Welt begriffen werden kann. Also: »Der Mensch wird in der Welt nur das gewahr, was schon in ihm liegt, aber er braucht die Welt, um gewahr zu werden, was in ihm liegt …«*

Löse das Reale aus der Welt und gib es dorthin zurück, wo es hingehört und wo es immer schon gewesen ist: in die Realisierung. Jedes System, das den Versuch unternimmt, ein Denkmuster oder eine sprachliche Anwendung auf eine unabhängige Grundlage in der Wirklichkeit zu stellen, ist unmöglich. Jedes System ist unmöglich. Wenn diese Systeme, »[w]enn diese Dinge irgendeine Rechtfertigung brauchen, dann muss sie in ihnen selbst zu finden sein, da es außerhalb von ihnen keine unabhängigen ›Stützpunkte‹ gibt. Ein derartiger Objektivismus ist eine Täuschung; zweifellos rührt sie daher, dass die wahre Erklärung so beunruhigend ist, nämlich, dass jede notwendige Stütze vom Mittelpunkt herkommt, dem Menschen selbst.«*

Aber das Zentrum hat sich aufgelöst. Der Mensch ist tot: der große Erklärer, die große Erklärung. Er hat das Zentrum verloren: Er war das Zentrum, das Ganze, in dem er selbst enthalten war. Es kann keine Erklärungen und keine Welten mehr geben.

Es gibt kein Zentrum, keine Quelle. Was gar nicht da ist, kann auch nicht erklärt werden. Metaphysisches Ich, nichtphysisches Ich: Es ist »der Fehler der Pronomen, es gibt keinen Namen für mich, kein Pronomen für mich, alles kommt daher«.*

Kein Zentrum, keine Quelle, kein Ganzes, kein Mensch, und nun kein Ich. Was in aller Welt tust du? »Das ist viel von einer einzigen Kreatur erwarten, es ist viel von ihr verlangen, zunächst so tun zu müssen, als ob sie nicht wäre, dann so als ob sie wäre, bevor ihr das Recht auf Ruhe gewährt wird, dort, wo sie weder ist noch nicht ist, und wo die Sprache, die zu solchen Ausdrücken nötigt, schweigt.«*

Die physische Welt ist nicht länger real. Jene rationale, vernünftige, objektive Welt der klassischen Wissenschaften und des humanistischen Gedankenguts ist nun regelrecht mystisch und okkult geworden. »Bekämpfe alle rationalistischen Dogmen, die dem metaphysischen Universum im Wege stehen.«* Der Mensch ist tot. Stattdessen das metaphysische Ich. Nicht Realität, sondern Realisierung. Gib dich auf. Lass los: Du verlierst nichts.

Dies ist das Zeitalter der Unwichtigkeit. Verwirf die Welt. Verwirf äußere Wirklichkeit: verwirf innere Wirklichkeit. Sag nein zu dir selbst, zu deinen großen Wahrheiten, deinen großen Männern, deinen großen Büchern.

Keine Glaubensoffenbarungen und keine Großbuchstaben: Wahrheit, Gott, Freiheit, Gerechtigkeit, Wille …, sondern die kostbaren Omen unserer eigenen Kräfte: Die Grenzen meiner Sprache bedeuten die Grenzen meiner Welt. Der endliche Mensch: Er »machte zu einer persönlichen Sache, was bis dahin auf dogmatische, von der Tradition bestimmte Weise behandelt worden war. Er hatte nur noch Verwendung für Evidenz oder sorgsam verifizierte Beobachtung. Das führte zu der Weigerung, der Sprache irgendeinen nur von Menschen oder Büchern hergeleiteten Wert beizumessen …; er selbst gab den Ausschlag.«*

Keine großen Männer mehr, keine großen Bücher mehr: Sein Selbst gab den Ausschlag. Seine Realisierung war die Waage: ist die Waage. Aber in einer endlichen Welt wird sogar das Selbst verneint und auf ein Objekt reduziert. Keine großen Männer mehr, keine großen Bücher mehr ..., keine Wichtigkeit mehr. Verneine deine »eigene Geltung ..., ergib dich dem Fluss, dem Strom hin zu einer neuen, undenkbaren Ordnung«.* »Man muß sich entwurzeln ... Sich entwurzeln aus seiner gesellschaftlichen Umwelt und seinem Lebensraum. Sich verbannen aus jedem irdischen Vaterland.«*

Nein: Negation ist die einzige Möglichkeit, es gibt keine Möglichkeit. Das Universum muss aus allem, nicht aus nichts erschaffen werden. Durch Negation erschaffen, denn erschaffen oder nicht erschaffen ändert gar nichts. Ändert gar nichts, weil alles Erschaffene unwirklich ist: nichts ist. Negation ist die einzige Möglichkeit: nein.

Der endliche Mensch: Er verneint alles, um zu sich selbst zu gelangen. Und doch lebt er nicht, ist er nicht er selbst. Er lebt in seinem Bild: dem Unwirklichen.

Was ist: ist anderes. Der Mensch ist tot. Er lebt in seinem Bild: dem Unwirklichen. »Wie kann man sein, was man ist? Sobald uns diese Frage in den Sinn kommt, zwingt sie uns, aus uns herauszutreten, und wir erfassen uns augenblicklich als Unmöglichkeiten. Die erstaunliche Tatsache, jemand zu sein, die Lächerlichkeit jeder beschränkten Erscheinungsform oder Existenz, die kritischen Folgen der Verdopplung unserer Akte, unseres Glaubens, unserer Person stellen sich mit einem Male heraus; alles Gesellschaftsleben wird Maskentreiben, alles Menschliche wird allzumenschlich, wird Abseitigkeit, Wahn, Mechanismus, alberne Fratze. Das System der Konventionen, von dem ich vorhin sprach, wird komisch, unheimlich, unerträglich anzusehen, fast unglaubwürdig! Gesetze, Religion, Gewohnheit, Tracht, Perücke, Degen, Überzeugungen – alles scheint Kuriosität, Maskerade, Jahrmarkts- oder Museumsplunder ...«*

Metaphysisches Ich: von dem ich nichts weiß. Ich weiß nicht, wer ich bin. Eine Wirklichkeit, die sich bezeichnen ließe, gibt es nicht. Die eine Wahrheit, das Wesen, gibt es nicht. Es entgleitet einem: Es gibt nichts, an dem man sich festhalten könnte. Wir haben nichts mehr. Du wirst vollständig verneint. Und ich: Ich weiß nicht, wer ich bin. Ich weiß nur, »daß es uns noch nicht beschieden wurde, mit dem geringsten Grad an Genauigkeit festzustellen, was ich bin, wo ich bin, ob ich Worte unter Worten bin, oder Schweigen inmitten des Schweigens«.*

Ich: Worte unter Worten, Schweigen inmitten des Schweigens. Die endgültige Antwort wird in der Transzendenz aller Kategorien und aller Namen liegen: im Tod des Wortes. Aber das kann nicht sein: Es gibt keine Transzendenz: keine Antwort. Die Welt ist endlich: Zwischen der Beobachtung und ihrem Gegenstand gibt es keinen Unterschied. Keine Realität, sondern Realisierung. Transzendenz gehört zur realen, unendlichen Welt: der Realität. Es kann jedoch keine Transzendenz der Realisierung geben: keine Unterscheidung zwischen der Beobachtung und ihrem Gegenstand. Keine Differenzierung: Es hat nie jemanden außer mir gegeben, zu mir über mich sprechend. Und ich: Ich gehe dorthin, wo die Worte hingehen: nirgendwohin. Es gibt keine endgültige Vollkommenheit, keine Antwort. Niemanden.

»Unser Neues besteht jetzt in der Unerhörtheit der Fragen selbst, nicht nur der Lösungen; in den Formulierungen, nicht nur den Antworten.«* Es ist nicht wichtig, »eine Wahrheit zu illustrieren – oder auch eine Frage –, die man schon vorher kennt, sondern Fragen aufzuwerfen ..., die sich selbst noch nicht kennen«.*

Eine vollständige Synthese allen menschlichen Wissens wird nicht zu phantastischen Datenmengen oder Bibliotheken voller Bücher führen. Menge, Quantität, Erklärungen sind mittlerweile wertlos. Um eine vollständige Synthese menschlichen Wissens zu erhalten, verwende das Fragewort. Stelle den zartesten Gefühlen der Welt die Frage, welche Fragen sie sich selbst stellen.

Diese Worte haben keinen Autor. »Manche Worte haben besser keinen Autor, keinen Dichter oder einen gesonderten Autor, einen anderen Dichter, eine Steigerung unserer Selbst, intelligent, überintelligent, einen künstlichen Menschen.«* Diese Worte haben keinen Autor. Das Buch ist eine Lüge. Es ist eine Performance: die eines Lesers. »Leser« ist ein tröstendes Wort, und der Autor verfolgt bezüglich seiner Bedeutung keinerlei Absichten. »Autor« ist ein tröstendes Wort, und der Autor verfolgt bezüglich seiner Bedeutung keinerlei Absichten.

Eine Steigerung unserer selbst, intelligent, gesteigert durch Intelligenz, ein künstlicher Mensch. Keine reale Realisierung: »Freiheit ist wie ein Mensch, der sich Nacht für Nacht das Leben nimmt, ein unermüdlicher Schlächter.«* Der künstliche Mensch ist nicht er selbst: eine nicht reale Realisierung. Er ist enthüllt, verweltlicht als ein Ding, als ein Objekt. »Er hat das Ganze verloren, in dem er enthalten war.«* Er hat sein menschliches Gewand abgeworfen.

Wie die Alten das Universum bevölkerten, so haben wir uns darangemacht, es jeglichen Lebens zu entleeren. Es ist eine endliche Welt der Worte: kein Leben im Menschen, kein Dasein in den Dingen, keine Evolution in der Natur. Der Mensch ist tot: »Der in der Tiefe der Dinge [der Tiefe seiner Selbst] ertrunkene Mensch nimmt sie schließlich gar nicht mehr wahr; seine Rolle beschränkt sich bald darauf, in ihrem Namen Eindrücke und Wünsche zu erfinden, die – vollkommen *humanisiert* sind.«* Aber Dinge haben keine Tiefe. Worte zählen: Ein Wort muss das Ding sein, dass es darstellt. Worte sind endlich: Es kann keine Tiefe, kein Inneres geben.

Beim Menschen gibt es keine Vollkommenheit. Der Mensch galt als vollkommenes Zentrum einer Welt unendlicher Dinge, unendlicher Tiefe. Aber der Mensch ist seiner menschlichen Heimat entrissen worden, seine humanistische Haltung ist ihm untersagt. Der Mensch ist tot: Er wurde »verdinglicht«, er ist künstlich: Er spottet seiner eigenen Bedeutung; man darf ihm nicht glauben.

Aber der Humanismus versucht, »alles wieder zu umfassen, sogar das, was ihm Grenzen zu setzen, ja ihn in seiner Gesamtheit zu verwerfen versucht«.* Dennoch: Es gibt den Menschen und seine Natur. »Die gemeinsame Natur wird wieder einmal nichts anderes als die ewige Antwort auf die *einzige Frage* unserer griechisch-christlichen Natur sein können ..., es gibt nur eine mögliche Antwort, eine einzige Antwort auf alles: der Mensch.«*

Diese humanistische Einstellung gilt als unausweichliche Einstellung für den emanzipierten und instruierten Menschen. Aber Antworten sind keine Antworten: Beim Menschen gibt es keine Vollkommenheit. »Der Mensch ist ein außergewöhnlich unbewegliches, eingeschränktes Lebewesen, dessen Natur vollkommen gleichbleibend ist.«* Ein veritables Objekt. »›Der Mensch ist ein krankes Tier‹«, zu glauben, man könnte ihn heilen, bedeutet, »ihn in seinem Übel einzusperren.«*

Was war ein Tier? Es ist der Mensch, der fremd ist, es ist der Mensch, der einen Vetter auf dem Mond hat, der Mensch, »der wilden Tieren und der kommunikationsunfähigen Masse das Sprechen abverlangt«.*

Die Masse. Die menschliche Masse. Die unmögliche, agglomerierte Masse. Die kommunikationsunfähige menschliche Masse. Die Leute. »Stoffmassen kommen in Bewegung, nackt und bloß wie das Gesetz. Es liegt einem nichts daran zu wissen, woraus sie bestehen. Auch der Mensch ist irgendwo darunter, ein riesiges Gebilde, aus den Stoffen aller Reiche geknetet, einfältig und allein.«* Die unmöglichen Leute.

Die Masse ist nichts: die Leute sind nicht. Der Mensch ist der Fremde. Der Mensch ist tot: »Die Menschen haben keinen Schatten.« »Der Mensch ist ein Ergebnis, eine Demonstration.«* Eine nicht reale Realisierung.

Ich bin von Sinnen. Jenseits des Ichs, hin zu etwas anderem. Ein Ort des Weiter-nichts und Nichts-darüber-hinaus. Ich bin von Sinnen. Selbst meines Ichs bin ich beraubt. Das Ich, das bloß zu einem unmittelbareren Objekt in einer Einöde der Objekte wird. Und »die Aufgabe von Objekten liegt in der Wiederherstellung des Schweigens, denn Objekte sind nicht wirklicher als die Worte, die ihre Gewohnheit sind.«* Ich bin von Sinnen: Bin ich Worte unter Worten oder Schweigen inmitten des Schweigens?

Der Erzähler ist fort. Das Universum als Erzählung gibt es nicht. Die Evolution als Erzählung hat sich nie ereignet: Worte zählen. Evolution ist eine Sache der Worte, die zu ihrer Beschreibung verwendet werden. Es gibt keine fortlaufende, unendliche, sich stets weiterentwickelnde Welt oder Natur, kein Universum oder Wissen dieser Art, die nur darauf warteten, vom Menschen erklärt zu werden. Es ist eine Welt der Worte, eine Natur, die erschaffen wird in dem, was sie sagt.

Das Universum ist nicht da. Der Mensch ist tot. Aber »ich weiß nicht …, wie ich mich all dem Nicht-Seienden entwinden soll! So sehr bevölkert das Wort uns und alles, daß ich keine Möglichkeit sehe, wie man sich all dieser vorgespiegelten Einbildungen ohne Entsprechung im Wirklichen enthalten könnte … Bedenken Sie, daß ›das Morgen‹ eine Mythe ist, daß das Weltall eine ist; daß die Zahl, daß die Liebe, daß das Wirkliche wie das Unendliche, daß die Gerechtigkeit, das Volk, die Poesie … die Erde selber Mythen sind!«* Das Universum ist nicht da. Es ist.

Glaub' nichts von alledem. Miss dem Buch oder dem Autor keinen Wert bei. »Private Autorschaft oder Privatbesitz sollten nicht respektiert werden. Alles ist ein Buch.«* Gib den Gedanken an einen Autor auf, den Gedanken an die Wahrheit. Gib den Glauben auf: Glaub' nur an dich selbst. Du: Deine Erfahrung ist meine Erfahrung. Ich: »Über mich muß ich jetzt sprechen, selbst wenn ich es mit ihrer Sprache tun muß.«* Er: »Ich schlüpfe in ihn … Aber es sind Schichten, die weder Trümmer noch Spuren aufweisen, auf den ersten Blick.«* Doch die Welt ist voll von Trümmern und Spuren. »Ich werde schließlich doch Fährten finden.«* Was war: bin ich. »Niemand außer mir …, zu mir über mich sprechend …, in Worten, aus Worten gemacht, aus Worten der anderen, welcher anderen …; das ganze Universum ist hier.«* Ich: ich nicht. Ich glaube nichts von alledem.

Ich kann nicht mehr nur eins denken. Dies oder das: Ich kann nicht mehr unterscheiden. Ich glaube es nicht: Ich kann nicht denken: »Nein, nicht versuchen zu denken. Nur sagen, was los ist.«* Es auszusprechen lässt es geschehen. Dies, dies und das: Es muss mir »auf jeden Fall gelingen, die Dinge, Gestalten, Geräusche und Lichter, mit denen ich diesen Ort in der Eile des Gesprächs feige ausstaffierte, von hier zu verbannen«.*

Die Notwendigkeit, aufzuhören, bevor man beginnt. Die Notwendigkeit, das alles zu vergessen.

Niemand weiß es, und man kann es nicht herausfinden.

Nachweise

Seite [27]
Norbert Wiener, *I Am a Mathematician*, Cambridge, Mass., 1956; dt.: *Mathematik. Mein Leben*, Düsseldorf und Wien 1962, S. 280.

Seite [28]
Karl S. Lashley, »Cerebral Organization and Human Behavior«, in Harry G. Solomon et al. (Hrsg.), *The Brain and Human Behavior*, New York 1966, S. 4.

Seite [29]
George Kubler, *The Shape of Time. Remarks on the History of Things*, New Haven, Conn., 1967; dt.: *Die Form der Zeit. Anmerkungen zur Geschichte der Zeit*, Frankfurt am Main 1982, S. 51–52.

Seite [33]
J. Z. Young, *Doubt and Certainty in Science*, London 1962, S. 16.

Seite [34]
John C. Lilly, *The Mind of a Dolphin*, New York 1967, S. 103; dt.: *Ein Delphin lernt Englisch. Möglichkeiten der Verständigung zwischen menschlicher und außermenschlicher Intelligenz*, Reinbek bei Hamburg 1971, S. 113–114.

Seite [35]
Young, *Doubt and Certainty in Science*, a. a. O., S. 17.

Lilly, *Ein Delphin lernt Englisch*, a. a. O., S. 115.

Seite [36]
H. Marshall McLuhan, *Understanding Media. The Extensions of Man*, New York 1964, dt.: *Die magischen Kanäle. »Understanding Media«*, Düsseldorf und Wien 1968, S. 34.

Stuart Brand, persönliche Korrespondenz.

Seite [37]
Heinz von Foerster, »Logical Structure of Environment and Its Internal Representation«, in R. E. Eckerstrom (Hrsg.), *International Design Conference, Aspen, 1962*, Zeeland, Mich., 1963.

Lilly, *Ein Delphin lernt Englisch*, a. a. O., S. 115.

Seite [39]
Gespräch mit Edward T. Hall. Professor Hall verdeutlichte dem Autor, dass »wir sprechen«. Hall entwickelte dieses Thema in folgenden Büchern weiter: *The Hidden Dimension*, New York 1966; dt.: *Die Sprache des Raumes*, Düsseldorf 1976; und *The Silent Language*, New York 1959.

Seite [40]
Wiener, *Mathematik. Mein Leben*, a. a. O., S. 281.

Seite [41]
Alfred North Whitehead, *Science and the Modern World*, New York 1967, S. 59; dt.: *Wissenschaft und moderne Welt*, Frankfurt am Main 1984, S. 75.

Seite [44]
W. Grey Walter, *The Living Brain*, New York 1963, S. 148; dt. *Das lebende Gehirn. Entwicklung und Funktion*, Köln und Berlin 1961, S. 270.

Seite [45]
Kenneth M. Sayre, »Philosophy and Cybernetics«, in Frederick J. Crosson und Kenneth M. Sayre (Hrsg.), *Philosophy and Cybernetics*, New York 1967, S. 20.

Seite [46]
René Descartes. *»Cogito ergo sum.«*

Seite [47]
Benjamin Lee Whorf, *Language, Thought, and Reality*, Cambridge, Mass., 1956; dt.: *Sprache, Denken, Wirklichkeit*, Reinbek bei Hamburg 1963, S. 53.

Niels Bohr, *Atomic Physics and Human Knowledge*, New York 1961; dt.: *Atomphysik und menschliche Erkenntnis* I, Braunschweig 1964, S. 77.

Seite [48]
Ebd., S. 92.

Ebd., S. 69.

Seite [49]
Von Foerster, »Logical Structure of Environment and Its Internal Representation«, a. a. O.

Seite [51]
Bohr, *Atomphysik und menschliche Erkenntnis* I, a. a. O., S. 80.

Von Foerster, »Logical Structure of Environment and Its Internal Representation«, a. a. O.

Seite [52]
René Dubos, *Man, Medicine, and Environment,* New York 1968, S. 118.

Seite [56]
D. und K. Stanley-Jones, *The Kybernetics of Living Systems,* New York 1960, S. 55.

Ebd., S. 53.

Ebd., S. 53.

Seite [57]
Ebd., S. 53.

Ebd., S. 53.

Ebd., S. 53.

Seite [58]
Ebd., S. 53–54.

Seite [59]
Ebd., S. 54.

Seite [63]
Siehe John Lucas, »Minds, Machines, and Gödel«, in Kenneth M. Sayre and Frederick J. Crosson (Hrsg.), *The Modeling of Mind Computers and Intelligence,* New York 1968, S. 255.

Seite [67]
Norbert Wiener, *Cybernetics Or Control and Communication in the Animal and the Machine,* Cambridge, Mass., 1961; dt.: *Kybernetik. Regelung und Nachrichtenübertragung im Lebewesen und in der Maschine,* Düsseldorf und Wien 1963, S. 237.

Seite [68]
Carlos Castaneda, *The Teachings of Don Juan. A Yaqui way of knowledge,* Berkeley, Calif., 1968; dt. Carlos Castaneda, *Die Lehren des Don Juan. Ein Yaqui-Weg des Wissens,* Frankfurt am Main 1991, S. 88.

Seite [69]
Siehe *New York Post* vom 7. April 1968, S. 11.

Siehe *Popular Science* vom Februar 1968, S. 79.

Seite [70]
Siehe Walter, *Das lebende Gehirn,* a. a. O., S. 68.

René Dubos, *Man Adapting,* New Haven, Conn., 1967, S. 49–51.

Seite [71]
Ebd., S. 54.

Seite [75]
Norbert Wiener, *Extrapolation, Interpolation, and Smoothing of Stationary Time Series*, Cambridge, Mass., 1949, S. 2.

Ebd., S. 3.

Seite [76]
Walter, *Das lebende Gehirn*, a. a. O., S. 204.

Seite [78]
Stanley-Jones, *The Kybernetics of Living Systems*, a. a. O., S. 60.

Wiener, *Kybernetik*, a. a. O., S. 168 f.

Seite [81]
Dubos, *Man, Medicine, and Environment*, a. a. O., S. 40.

Ebd., S. 41.

Ebd., S. 41.

Wiener, *Kybernetik*, a. a. O., S. 157.

Seite [82]
Stanley-Jones, *The Kybernetics of Living Systems*, a. a. O., S. 19–21.

Siehe Dubos, *Man Adapting,* a. a. O., S. 29.

Seite [83]
Vishvassara Tantra.

Seite [84]
Edward T. Hall, *The Hidden Dimension*, New York 1966; dt.: *Die Sprache des Raumes*, Düsseldorf 1976, S. 18.

Seite [90]
Sören Kierkegaard, »Des Glaubens Erwartung«, in Ders., *Gesammelte Werke.* 2. u. 3. Abteilung. Entweder/Oder, Zweiter Teil. Zwei erbauliche Reden 16.V.1843, Düsseldorf 1957, S. 447.

Seite [93]
Lashley, »Cerebral Organization and Human Behavior«, a. a. O., S. 2.

Seite [96]

Wilder Penfield, »Functional Localization in Temporal and Deep Sylvan Areas«, in Solomon et al., *The Brain and Human Behavior*, a. a. O., S. 219.

R. G. Bickford, D. W. Mulder, H. W. Dodge, Jr., H. J. Svien und H. P. Rome, »Changes in Memory Function Produced by Electrical Stimulation of the Temporal Lobe in Man«, in Solomon et al., *The Brain and Human Behavior*, a. a. O., S. 232.

Seite [99]

Siehe Young, *Doubt and Certainty in Science*, a. a. O., S. 16.

Seite [101]

Siehe Wiener, *The Human Use of Human Beings*, Boston 1954; dt.: *Mensch und Menschmaschine*, Frankfurt am Main 1958, S. 84.

Seite [110]

Siehe Penfield, »Functional Localization ...«, in Solomon et al., *The Brain and Human Behavior*, a. a. O., S. 219.

Siehe Walter, *Das lebende Gehirn*, a. a. O., S. 110–111.

Seite [113]

Young, *Doubt and Certainty in Science*, a. a. O., S. 19.

Seite [114]

Whorf, *Sprache, Denken, Wirklichkeit*, a. a. O., S. 39. [Dt. Übers. korrigiert.]

Seite [115]

Werner Heisenberg, *Philosophic Problems of Nuclear Science*, New York 1966; dt.: *Wandlungen in den Grundlagen der Naturwissenschaft*, Stuttgart 1980, S. 128.

Seite [124]

Sir James Jeans, *The Mysterious Universe*, New York 1932; dt.: *Der Weltenraum und seine Rätsel*, München 1955, S. 98.

Ludwig Wittgenstein, *Zettel*, in Ders., *Werkausgabe*, Bd. 8, Frankfurt am Main 1984, S. 368, § 409.

Alfred North Whitehead, *Process and Reality. An Essay in Cosmology*, New York 1960, S. 14; dt.: *Prozeß und Realität. Entwurf einer Kosmologie*, Frankfurt am Main 1987, S. 42.

Wallace Stevens, »Adagia«, in Ders., *Opus Posthumous*, New York 1966; dt.: *»Adagia«*, in Ders., *Hellwach, am Rande des Schlafs*, München 2011, S. 293.

Seite [125]
Leon Brillouin, *Scientific Uncertainty and Information,* New York 1964, S. 64.

Wittgenstein, *Zettel,* a. a. O., S. 430–431, §§ 662–664.

Seite [127]
Ludwig Wittgenstein, *Tractatus logico-philosophicus,* in Ders., *Schriften* 1, Frankfurt am Main 1980, S. 55, Satz 5.47321.

Seite [129]
T. S. Eliot, »Choruses from ›The Rock‹«, in Ders., *The Complete Poems and Plays, 1909–1950,* New York 1962; dt.: »Chöre aus ›The Rock‹«, in Ders., *Gesammelte Gedichte 1909–1962,* Frankfurt am Main 1988, S. 263.

Seite [130]
Whitehead, *Prozess und Realität,* a. a. O., S. 41.

Seite [131]
I. A. Richards, »Complementary Complementarities«, in Ders., *The Screens and Other Poems,* New York 1960, S. 34.

Seite [132]
Gertrude Stein, Lectures in America, Boston 1935; dt.: *Was ist englische Literatur. Vorlesungen*, Zürich 1985, S. 158.

T. S. Eliot, »Four Quartets«, in Ders., *The Complete Poems and Plays,* a. a. O.; dt.: »Vier Quartette«, in Ders., *Gesammelte Gedichte 1909–1962,* a. a. O., S. 297.

Seite [133]
Wallace Stevens, »The Latest Freed Man«, in Ders., *The Collected Poems of Wallace Stevens,* New York 1967, S. 205.

Seite [134]
Wallace Stevens, »Notes Toward a Supreme Fiction«, ebd.; dt.: »Notate auf dem Weg zu einer höchsten Fiktion«, in Ders., *Hellwach, am Rande des Schlafs,* a. a. O., S. 199.

Seite [135]
Wallace Stevens, »The Sail of Ulysses«, in Ders., *The Palm at the End of the Mind,* hrsg. von Holly Stevens, New York 1972, S. 390–391.

Jeans, *Der Weltenraum und seine Rätsel,* a. a. O., S. 125.

Seite [136]
Niels Bohr, *Atomphysik und menschliche Erkenntnis* I, a. a. O., S. 69.

Ebd., S. 69.

Seite [137]
Wallace Stevens. »The Man with the Blue Guitar«, in Ders., *Collected Poems*, a. a. O.; dt.: »Der Mann mit der blauen Gitarre«, in Ders., *Hellwach, am Rande des Schlafs*«, a. a. O., S. 149.

Seite [138]
Jeans, *Der Weltenraum und seine Rätsel*, a. a. O., S. 139.

Seite [139]
Niels Bohr, »Dialectica II«, S. 318, zit. nach Richards, *Complementary Complementarities*, a.a.O, S. 36.

Whitehead, *Prozeß und Realität*, a. a. O., S. 48–49.

Seite [140]
Brillouin, *Scientific Uncertainty and Information*, a. a. O., S. 52.

Seite [141]
Max Born, *Experiment and Theory in Physics*, New York 1956, S. 39; dt.: *Experiment und Theorie in der Physik*, Mosbach, Baden, 1969, S. 34.

Jeans, *Der Weltenraum und seine Rätsel*, a. a. O., S. 138.

Stevens, »Adagia«, a. a. O., S. 306.

Seite [142]
Whitehead, *Prozeß und Realität*, a. a. O., S. 75–76.

Ebd., S. 79.

Wallace Stevens, *The Necessary Angel*, New York 1951, S. 122.

Richards, »Spring«, in Ders., *The Screens and other Poems*, a. a. O., S. 21.

Seite [143]
J. Andrade e Silva und G. Lochak, *Les Quanta, les grains, les champs*, Paris 1969; dt.: *Wellen und Teilchen. Einführung in die Quantenmechanik*, Frankfurt am Main 1974, S. 149.

Brillouin, *Scientific Uncertainty and Information*, a. a. O., S. 43.

Whitehead, *Prozeß und Realität*, a. a. O., S. 34.

Ebd., S. 34.

Sir James Jeans, *The New Background of Science*, Ann Arbor 1959; dt.: *Die neuen Grundlagen der Naturerkenntnis*, Stuttgart und Berlin 1934, S. 10–11.

Brillouin, *Scientific Uncertainty and Information*, a. a. O., S. 52.

Seite [143] (Fortsetzung)

Ebd., S. 52.

Jeans, *Die neuen Grundlagen der Naturerkenntnis*, a. a. O., S. 307.

Seite [144]

Brillouin, *Scientific Uncertainty and Information*, a. a. O., S. 50.

Werner Heisenberg, *Physics and Philosophy. The Revolution in Modern Science*, New York 1958, S. 186; dt.: *Physik und Philosophie*, Stuttgart 1972, S. 180.

Andrade e Silva und Lochak, *Wellen und Teilchen*, a. a. O., S. 147. [Aus J. W. von Goethe, *Wilhelm Meisters Wanderjahre, Betrachtungen im Sinne der Wanderer.*]

Stevens, *Necessary Angel*, a. a. O., S. 95.

Seite [145]

Wallace Stevens, »Life on a Battleship«, in Ders., *Opus Posthumous*, a. a. O., S. 79.

Seite [146]

Stevens, »Notate auf dem Weg zu einer höchsten Fiktion«, a. a. O., S. 187.

Seite [147]

Wittgenstein, *Zettel*, a. a. O., S. 346, § 315.

Seite [149]

Ebd., S. 436, § 689.

Stein, *Was ist englische Literatur*, a. a. O., S. 14.

Seite [152]

Max Born, zitiert nach Brillouin, *Scientific Uncertainty and Information*, a. a. O., S. 36.

Ebd., S. 35.

Jeans, *Die neuen Grundlagen der Naturerkenntnis*, a. a. O., S. 313–314.

P. W. Bridgman, *The Way Things Are*, New York 1959, S. 3.

Isaac Newton, zitiert nach Jeans, Der *Weltenraum und seine Rätsel*, S. 98.

Seite [153]

Wittgenstein, *Tractatus*, a. a. O., S. 78, Satz 6.362.

Wallace Stevens, »The Man on the Dump«, in Ders., *Collected Poems*, a. a. O., S. 203.

Seite [154]
Eliot, »Vier Quartette«, a. a. O., S. 309.

Bohr, *Atomphysik und menschliche Erkenntnis* I., a. a. O., S. 72.

Seite [155]
R. Buckminster Fuller, *Operating Manual for Spaceship Earth*, Carbondale 1969; dt.: *Bedienungsanleitung für das Raumschiff Erde und andere Schriften*, Dresden 1998, S. 130.

Seite [157]
Andrade e Silva und Lochak, *Wellen und Teilchen*, a. a. O., S. 155.

Seite [158]
T. S. Eliot, »The Love Song of J. Alfred Prufrock«, in Ders., *The Complete Poems and Plays, 1909–1950*, a. a. O.; dt.: »J. Alfred Prufrocks Liebesgesang«, in Ders., *Gesammelte Gedichte 1909–1962*, a. a. O., S. 15.

Seite [160]
Eliot, »Vier Quartette«, a. a. O., S. 323.

Seite [161]
Sir Arthur Eddington, *The Philosophy of Physical Science*, Ann Arbor 1958: dt.: *Philosophie der Naturwissenschaft*, Bern 1949, S. 46.

Brillouin, *Scientific Uncertainty and Information*, a. a. O., S. 10.

William Empson, »Value Is in Activity«, in Ders., *Collected Poems*, New York 1949, S. 4.

Brillouin, *Scientific Uncertainty and Information*, a. a. O., S. 100.

Eddington, *Philosophie der Naturwissenschaft*, a. a. O., S. 181.

Seite [162]
Stevens, »Der Mann mit der blauen Gitarre«, a. a. O., S. 149.

Seite [163]
Wittgenstein, *Zettel*, a. a. O., S. 280, §§ 57–58.

C. G. Jung, »Septem sermones ad mortuos«, [1916] Sermo III, in *Erinnerungen, Träume, Gedanken von C. G. Jung*, aufgez. u. hg. von A. Jaffé, Zürich 1962, S. 393.

Stevens, »Notate auf dem Weg zu einer höchsten Fiktion«, a. a. O., S. 195.

Seite [165]
Stevens, »The Man on the Dump«, a. a. O., S. 203.

Seite [168]
Wittgenstein, *Zettel,* a. a. O., S. 287, § 88.

Seite [169]
Ebd., S. 314, § 198.

Seite [170]
Whitehead, *Prozeß und Realität*, a. a. O., S. 76.

Seite [171]
Ebd., S. 76–77.

Seite [172]
Brillouin, *Scientific Uncertainty and Information*, a. a. O., S. 49.

Seite [173]
Eliot, »Vier Quartette«, a. a. O., S. 335.

Eliot, »J. Alfred Prufrocks Liebesgesang«, a. a. O., S. 9.

Wallace Stevens, »Solitaire Under the Oaks«, in Ders., *Opus Posthumous,* a. a. O., S. 111.

Seite [174]
Stevens, »Life on a Battleship«, a. a. O., S. 79.

Seite [177]
Whitehead, *Prozeß und Realität*, a. a. O., S. 86–87.

Eliot, »Vier Quartette«, a. a. O., S. 321.

Seite [178]
Stein, *Was ist englische Literatur*, a. a. O., S. 123.

Seite [179]
William Empson, »This Last Pain«, in Ders., *Collected Poems,* a. a. O.; dt. in *Englische und amerikanische Dichtung 3, Von R. Browning bis Heaney,* hrsg. von A. Meller und K. Reichert, München 2000, S. 263.

Seite [180]
Fuller, *Bedienungsanleitung für das Raumschiff Erde*, a. a. O., S. 57.

Seite [181]
William Empson, »Doctrinal Point«, in Ders., *Collected Poems,* a. a. O., S. 39.

Eddington, *Philosophie der Naturwissenschaft*, a. a. O., S. 181.

Seite [182]
Jeans, *Der Weltenraum und seine Rätsel,* a. a. O., S. 78.

Seite [183]
Whitehead, *Prozeß und Realität,* a. a. O., S. 45–46.

Wittgenstein, *Zettel,* a. a. O., S. 438, § 695.

Seite [184]
Jeans, *Der Weltenraum und seine Rätsel,* a. a. O., S. 138.

Wallace Stevens, »Description Without Place«, in Ders., *Collected Poems,* a. a. O., S. 344.

Seite [185]
Eliot, »Vier Quartette«, a. a. O., S. 333.

Ebd., S. 297.

Ebd., S. 297.

Seite [188]
Stevens, »Adagia«, a. a. O., S. 301.

Seite [190]
Eliot, »Vier Quartette«, a. a. O., S. 289.

I. A. Richards, »The Status of the Mentionable«, in Ders., *Goodbye Earth and Other Poems,* New York 1958, S. 29.

Seite [191]
Stein, *Was ist englische Literatur,* a.a.O, S. 126.

Seite [192]
Richards, »To Dumb Forgetfulnes«, in Ders., *Goodbye Earth and Other Poems,* a. a. O., S. 52.

Richards, »The Status of the Mentionable«, a. a. O., S. 29.

Richards, »To Be«, in Ders., *Goodbye Earth and Other Poems,* a. a. O., S. 25.

Seite [193]
Wittgenstein, *Tractatus,* a. a. O., S. 64, Satz 5.556.

Ludwig Wittgenstein, *Tagebücher 1914–1916,* in Ders., Schriften 1, Frankfurt am Main 1980, S. 143, Eintrag vom 27. 5. 15.

Seite [194]
Whitehead, *Prozeß und Realität*, a. a. O., S. 77.

Stevens, »Der Mann mit der blauen Gitarre«, a. a. O., S. 123.

Wallace Stevens, »Thirteen Ways of Looking at a Blackbird«, in Ders., *Collected Poems*, a. a. O.; dt.: »Dreizehn Arten eine Amsel zu betrachten«, in Ders., *Hellwach, am Rande des Schlafs*, a. a. O., S. 65.

Seite [195]
Bertrand Russell, nach Jeans, *Die neuen Grundlagen der Naturerkenntnis*, a. a. O., S. 314.

Ebd., S. 314.

Seite [196]
Whitehead, *Prozeß und Realität*, a. a. O., S. 49.

Seite [197]
Empson, »Doctrinal Point«, a. a. O., S. 39.

Seite [198]
Richards, »The Ruins«, in Ders., *Goodbye Earth and Other Poems*, a. a. O., S. 44.

Seite [200]
William Butler Yeats, »The Second Coming«, in Ders., *The Collected Poems of W. B. Yeats*, New York 1960; dt.: »Das Jüngste Gericht«, in Ders., *Werke I, Ausgewählte Gedichte*, Neuwied und Berlin 1970, S. 148.

William Empson, »Letter V«, in Ders., *Collected Poems*, a. a. O., S. 41.

Richards, »Not No«, in Ders., *Goodbye Earth and Other Poems*, a. a. O., S. 21.

Wittgenstein, *Zettel*, a. a. O., S. 320, § 220.

Stevens, »The Man on the Dump«, a. a. O., S. 202–203.

Seite [201]
Eliot, »Vier Quartette«, a. a. O., S. 335.

John McHale, Korrespondenz. Siehe John McHale, *The Future of the Future*, New York 1969.

Seite [202]
Eliot, »Vier Quartette«, a. a. O., S. 279.

Ebd., S. 303.

Seite [203]
Stein, *Was ist englische Literatur*, a. a. O., S. 145–146.

Seite [204]
Stevens, »Description Without Place«, a. a. O., S. 345.

Seite [206]
Eliot, »Vier Quartette«, a. a. O., S. 289.

Ebd., S. 311.

Seite [208]
Ebd., S. 295.

Seite [209]
Richards, »The Screens«, in Ders., *The Screens and other Poems*, a. a. O., S. 26.

Wallace Stevens, »Men Made out of Words«, in Ders., *Collected Poems*, a. a. O.; dt.: »Menschen, aus Worten gemacht«, in Ders., *Menschen aus Worten gemacht*, Berlin 1983, S. 133.

Rudolph Wurlitzer, *Nog*, New York 1968, S. 84.

Seite [212]
Ebd., a. a. O., S. 106.

Richards, »Complementary Complementarities«, a. a. O., S. 36.

Eliot, »Vier Quartette«, a. a. O., S. 303.

Seite [214]
Richards, »Silences«, in Ders., *The Screens and other Poems*, a. a. O., S. 55.

Seite [221]
Stevens, »Adagia«, a. a. O., S. 306.

Seite [222]
Ihab Hassan, *The Literature of Silence*, New York 1967, S. 207.

Wittgenstein, *Tractatus*, a. a. O., S. 64, Satz 5.6.

T. E. Hulme, *Speculations*, New York 1924, S. 231.

Seite [223]
Stevens, »Description Without Place«, a. a. O., S. 339.

Seite [224]
Hulme, *Speculations*, a. a. O., S. 223.

Seite [225]
Wallace Stevens, »An Ordinary Evening in New Haven«, in Ders., *The Collected Poems of Wallace Stevens, a. a. O.*,; dt.: »Ein normaler Abend in New Haven«, in *Akzente*, Jg. 44, H. 2, April 1997, S. 150.

Wallace Stevens, »Things of August«, in Ders., *The Collected Poems of Wallace Stevens*, a. a. O., S. 490.

Seite [226]
Simone Weil, *La pesanteur et la grâce*, Paris 1948; dt.: *Schwerkraft und Gnade*, München 1952, S. 247.

Seite [227]
T. E. Hulme, *Further Speculations*, Lincoln, Nebr., 1962, S. 82.

Seite [228]
Wallace Stevens, »Esthetique Du Mal«, in Ders., *The Collected Poems of Wallace Stevens*, a. a. O., S. 313.

Samuel Beckett, *L'Innommable*, Paris 1953; dt.: *Der Namenlose*, in Ders., Werke, Bd. 3, Frankfurt am Main 1976, S. 445.

Seite [229]
Samuel Beckett, *Molloy*, Paris 1951; dt.: *Molloy*, in Ders., *Werke*, Bd. 3, Frankfurt am Main 1976, S. 42.

Seite [230]
David Pears, *Ludwig Wittgenstein*, New York 1962; dt.: *Ludwig Wittgenstein*, München 1971, S. 171.

Seite [231]
Alain Robbe-Grillet, *Pour un Nouveau Roman*, 1963; dt.: *Argumente für einen neuen Roman*. Essays, München 1965, S. 19.

Seite [232]
Victor Gioscia, »Frequency and Form«, in *Radical Software*, Nr. 2, 1970, S. 7.

Ebd., S. 7.

Wittgenstein, *Tractatus*, a. a. O., S. 81, Satz 6.4.

Seite [235]
Werbeanzeige für Friends of the Earth, nachgedruckt in *The Whole Earth Catalog Supplement*.

Seite [236]
Hugo von Hofmannsthal, *Augenblicke in Griechenland*, Zürich 1949, S. 50.

Seite [237]
Norman O. Brown, »Daphne or Metamorphosis«, in *Myths, Dreams, and Religions,* hrsg. von Joseph Campbell, New York 1970, S. 108.

Seite [238]
Robbe-Grillet, *Argumente für einen neuen Roman*, a. a. O., S. 34.

Beckett, *Molloy*, a. a. O., S. 42.

Brown, »Daphne or Metamorphosis«, a. a. O., S. 93.

Seite [240]
Beckett, *Der Namenlose*, a. a. O., S. 527.

Seite [241]
Wallace Stevens, »Two Prefaces«, in Ders., *Opus Posthumous*, a. a. O., S. 270.

Seite [242]
Beckett, *Der Namenlose*, a. a. O., S. 532.

Seite [243]
William Shakespeare, *Macbeth*, Stuttgart 1977, S. 69.

Seite [244]
E. E. Cummings, *i. six nonlectures,* Cambridge 1969; dt.: *ich. sechs nichtvorträge*, S. 95.

Seite [245]
Hulme, *Speculations*, a. a. O., S. 221.

Wallace Stevens, »Final Soliloquy of the Interior Paramour«, in Ders., *Collected Poems*, a. a. O.; dt.: »Letztes Selbstgespräch der inneren Geliebten«, in Ders., *Hellwach, am Rande des Schlafs*, a. a. O., S. 263.

Seite [246]
Wallace Stevens, »As You Leave the Room«, in Ders., *Opus Posthumous*, a. a. O.; dt.: »Als du das Zimmer verlässt«, in Ders., *Hellwach, am Rande des Schlafs*, a. a. O., S. 283.

Seite [248]
Paul Valéry, *»Bilanz der Intelligenz«*, in Ders., *Werke*, Frankfurter Ausgabe in 7 Bänden, Frankfurt am Main 1989, Bd. 7, S. 132.

Ders., »Bemerkungen über den Fortschritt«, ebd., S. 202.

Seite [249]
Robbe-Grillet, *Argumente für einen neuen Roman*, a. a. O., S. 98.

Seite [251]
Paul Valéry, »Das Unvorhersehbare«, in Ders., Werke, Bd. 7, a. a. O., S. 520.

Seite [252]
Ebd., S. 520–521.

Seite [253]
Wallace Stevens, »Connoisseur of Chaos«, in Ders., *Collected Poems*, a. a. O., S. 215.

Seite [256]
Hassan, *The Literature of Silence*, a. a. O., S. 127.

Seite [259]
Ezra Pound, »Ortus«, in Ders., *Personae*, New York 1926; dt.: »Ortus«, in Ders., *Personae. Sämtliche Gedichte*, Frankfurt am Main 2003, S. 119.

Seite [261]
Wallace Stevens, »The Rock«, in Ders., *Collected Poems*, a. a. O.; dt.: »Der Felsen«, in Ders. *Hellwach, am Rande des Schlafs*, a. a. O., S. 265.

Wallace Stevens, »Chocorua To Its Neighbor«, in Ders., *Collected Poems*, a. a. O., S. 298.

Seite [263]
Robbe-Grillet, *Argumente für einen neuen Roman*, a. a. O., S. 97.

Seite [265]
Wallace Stevens, »United Dames of America«, in Ders., *Collected Poems*, a. a. O., S. 206.

Seite [268]
Stevens, »Der Felsen«, a. a. O., S. 265.

Seite [269]
Ludwig Wittgenstein, *Philosophische Untersuchungen*, in Ders., *Schriften 1*, Frankfurt am Main 1980, S. 343, § 115.

Seite [271]
Alain Robbe-Grillet, *Pour un nouveau roman*, Paris 2013, S. 25–26. [In der deutschen Übersetzung nicht enthalten]

Seite [272]
Wallace Stevens, »St. Armorer's Church from the Outside«, in Ders., *Collected Poems*, a. a. O., S. 529.

Seite [273]
Weil, *Schwerkraft und Gnade*, a. a. O., S. 97.

Stevens, *The Necessary Angel*, a. a. O., S. 175.

Seite [274]
Weil, *Schwerkraft und Gnade*, a. a. O., S. 99.

Seite [275]
Stevens, »Adagia«, a. a. O., S. 307.

Seite [276]
Beckett, *Der Namenlose*, a. a. O., S. 539.

Valéry, »Kleiner Brief über die Mythen«, in Ders., *Werke, Frankfurter Ausgabe*, a. a. O., Bd. 4, S. 251.

Seite [278]
Brown, »Daphne or Metamorphosis«, a. a. O., S. 100.

Seite [279]
Ebd., S. 107. [Aus einem Brief William Blakes an Thomas Butts vom 2. Oktober 1800.]

Von Hofmannsthal, *Buch der Freunde*, Leipzig 1922, S. 5.

Seite [280]
Pears, *Ludwig Wittgenstein*, a. a. O., S. 11.

Seite [282]
Beckett, *Der Namenlose*, a. a. O., S. 551.

Seite [283]
Ebd., S. 456–457.

Seite [284]
Hassan, *The Literature of Silence*, a. a. O., S. 119.

Seite [286]
Paul Valéry, »Seconde Vue de Descartes«, in Ders., *Œuvres*, hg. von Jean Hytier, 2 Bde., Paris 1975, Bd. 1, S. 843.

Seite [287]
Henry Miller, *The Wisdom of the Heart*, New York 1941, S. 169.

Weil, *Schwerkraft und Gnade*, a. a. O., S. 108.

Seite [290]
Paul Valéry, »Vorwort zu Montesquieus ›Perserbriefen‹«, in Ders., *Werke*, Frankfurter Ausgabe, a. a. O., Bd. 3, S. 100–101.

Seite [291]
Beckett, *Der Namenlose*, a. a. O., S. 530–531.

Seite [293]
Valéry, »Bilanz der Intelligenz«, a. a. O., S. 110.

Robbe-Grillet, *Argumente für einen neuen Roman*, a. a. O., S. 12.

Seite [295]
Wallace Stevens, »The Creations of Sound«, in Ders., *Collected Poems*, a. a. O., S. 310–311.

Seite [296]
Wallace Stevens, »Dutch Graves In Bucks County«, in Ders., *Collected Poems*, a. a. O., S. 292.

Wallace Stevens, »Chaos In Motion And Not In Motion«, in Ders., *Collected Poems*, a. a. O., S. 358.

Seite [297]
Robbe-Grillet, *Argumente für einen neuen Roman*, a. a. O., S. 72.

Seite [299]
Ebd., S. 52–53.

Ebd., S. 60–61.

Seite [300]
Hulme, *Speculations*, S. 166.

Migel de Unamuno, zitiert nach Robbe-Grillet, *Argumente für einen neuen Roman*, a. a. O., S. 79.

Seite [301]
Wallace Stevens, »Less And Less Human, O Savage Spirit«, in Ders., *Collected Poems*, a. a. O., S. 328.

Seite [302]
Beckett, *Molloy*, a. a. O., S. 153.

Seite [303]
Wallace Stevens, »The Common Life«, in Ders., *Collected Poems*, a. a. O., S. 221.

Seite [304]
Hassan, *The Literature of Silence*, a. a. O., S. 207.

Seite [306]
Valéry, »Kleiner Brief über die Mythen«, a. a. O., S. 253–254.

Seite [307]
Brown, »Daphne or Metamorphosis«, a. a. O., S. 109.

Beckett, *Der Namenlose*, a. a. O., S. 442.

Samuel Beckett, *Malone meurt*, Paris 1951; dt.: *Malone stirbt*, in Ders., Schriften 3, Frankfurt am Main 1976, S. 309.

Ebd., S. 309.

Beckett, *Der Namenlose*, a. a. O., S. 539 und 527.

Seite [308]
Ebd., S. 408.

Ebd., S. 408.

Was ist Ihre gefährlichste Idee?
Die führenden Wissenschaftler unserer Zeit
denken das Undenkbare
Herausgegeben von John Brockman
Aus dem Englischen von Hans Günter Holl

Band 17918

Kopernikus, Giordano Bruno und viele mehr büßten sogar mit ihrem Leben für ihre ketzerischen Ideen. Die großen Theorien der Wissenschaft waren oft auch die umstrittensten. Doch welche Ideen bedrohen unsere festen Ansichten, unser Weltbild heute?

Die führenden Wissenschaftler unserer Zeit offenbaren erstmals ihre provokantesten, ihre gefährlichsten Überzeugungen. Brian Greene, Jared Diamond, Freeman Dyson, Martin Rees und viele mehr lassen uns teilhaben an den Grenzbereichen ihrer Disziplinen.

»Wichtige, scharfsinnige und ambitionierte Fragen …
von einer atemberaubenden Bandbreite.«
New Scientist

Fischer Taschenbuch Verlag

fi 17918 / 2

Welche Idee wird alles verändern?
Die führenden Wissenschaftler unserer Zeit über
Entdeckungen, die unmittelbar bevorstehen
Herausgegeben von John Brockman
Aus dem Amerikanischen von Sebastian Vogel
Band 18718

Die führenden Wissenschaftler unserer Zeit geben ungemein spannende und ungewöhnliche Antworten auf die Frage, welche wissenschaftlichen Entdeckungen ihrer Meinung nach unmittelbar bevorstehen, die wir alle noch erleben werden. Die Beiträge u.a. von Steven Pinker, Richard Dawkins, Craig Venter, Ian McEwan, Lisa Randell bilden die perfekte Sammlung von Essays für alle, die sich für die neueste Forschung interessieren, aber nicht die Zeit oder den langen Atem für lange wissenschaftliche Werke haben. Spannende, ungewöhnliche und unterhaltsame Ausblicke auf unsere unmittelbare Zukunft.

»Die dringlichsten wissenschaftlichen Themen
von heute – und morgen. Absolut klug und interessant.«
The Observer

Fischer Taschenbuch Verlag

fi 18718 / 1

Leben, was ist das?
Ursprünge, Phänomene und die Zukunft
unserer Wirklichkeit
Herausgegeben von John Brockman
Übersetzt von Kurt Beginnen und Sigrid Kuntz
Band 18240

Das bereits legendäre Zusammentreffen der sechs Wissenschaftsgiganten unserer Zeit: Der Physiker Freeman Dyson, der Biochemiker J. Craig Venter, der Quantenforscher Seth Lloyd, der Molekulargenetiker George Church, der Chemiker Robert Shapiro und der Astrophysiker Dimitar Sasselov diskutieren in diesem Band über nicht weniger als den Ursprung und die Zukunft des Lebens und darüber, was ihre neuesten Forschungen für unser bisheriges Konzept von Leben bedeutet.

»Einer dieser besonderen Momente,
die die Menschheit in einigen Jahren als den
entscheidenden Zeitpunkt in der Geschichte ausmachen
werden. Schließlich wurde hier nicht weniger als
der Beginn des biotechnischen Zeitalters
offiziell ausgerufen.«
Süddeutsche Zeitung

Fischer Taschenbuch Verlag

fi 18240 / 1

Das Wissen von morgen
Was wir für wahr halten,
aber nicht beweisen können:
Die führenden Wissenschaftler unserer Zeit
beschreiben ihre großen Ideen
Herausgegeben von John Brockman
Übersetzt von Hans Günter Holl

Band 17919

»Was diese Seiten beweisen, ist das ungeschminkte
Vergnügen an der Neugier.«
Ian McEwan

Lesen, was in den Köpfen der Genies steckt! Spannende, provozierende und unterhaltsame Denkanstöße von den wissenschaftlichen Größen unserer Zeit wie Jared Diamond, Steven Pinker, Richard Dawkins, Anton Zeilinger, Martin Rees und vielen mehr, die hier erstmals ihre tiefsten wissenschaftlichen Überzeugungen preisgeben.

»Wichtig, scharfsinnig und ambitioniert … von einer
atemberaubenden Bandbreite.«
New Scientist

»Ein faszinierendes Gedankenexperiment.«
The Observer

Fischer Taschenbuch Verlag

fi 17919 / 1